コロナ禍における
中心市街地活性化策からみた
地域のレジリエンス

石原　肇

Hajime Ishihara

学術研究出版

はしがき

人口減少に伴い、全国的にみれば、地方創生が喫緊の課題となっている。東京や大阪といった大都市が無縁のことかといえばそうではなく、人口減少に伴う都市の縮退への対応も喫緊の課題となっている。

筆者は2015年に東京都庁を退職し、大学教員になった。ちょうどその2015年4月に都市農業振興基本法が公布された。東京都庁には農業技術職として奉職し、25年間の東京都職員時代の最初の8年と最後の約1年9か月が農政に携わるものであった。大学教員としてスタートする際、都市農業振興基本法が制定されたことで、これを題材に科研費のスタートアップ支援に採択していただき、調査を進めることができ、2019年に都市農業に関する書籍を出版することができた。

この都市農業の調査と並行して2016年から中心市街地の活性化に着目し、バルイベントを対象とした調査を開始した。これは、札幌国際大学の遊佐順和教授によるところが大きい。遊佐教授は北海道の特産物である昆布の利用方法等の研究に取り組まれており、その関係で2016年5月に来阪された折に兵庫県伊丹市の「伊丹まちなかバル」に同行することとなったことが大きなきっかけである。実際の「伊丹まちなかバル」に参加するだけでなく、伊丹市が開催している「近畿バルサミット」にも参加させていただく機会を得た。

バルイベントは、平たく言うと梯子酒イベントである。一般的には参加者は5枚綴りのチケットを携え、片手にバルイベントに参加している飲食店が示されたマップを持ち、5軒の飲食店を梯子する。バルイベントは2004年に北海道函館市に始まり、2009年に千葉県柏市と兵庫県伊丹市に伝播し、瞬く間に全国的に波及した。このことから、バルイベントは、まちゼミや100円商店街と並び、中心市街地活性化の3種の神器と称されてきた。実際に、「函館西部地区バル街」は、2017年度のグッドデザイン賞を受賞するに至っている。

「近畿バルサミット」は、近畿地方を中心に、バルイベントを実際に行っている方々、これから地域でバルイベントに取り組もうとされている方々、公的機関等が参加し、情報交換する場である。全くそれまでの経緯を知らぬ筆者の参加をお許しいただき、貴重な情報を得られた。主催されていた伊丹市役所の綾野昌幸氏（当時、現在は生駒市役所）のご厚意によるところが大きい。また、参加された関係者の方々にはご教示いただくことが多く、その後の調査に結びついている。

都市を対象として研究を進める上で、都市農業についてはその調査対象となるエリアが都市の郊外部に多くなることから、筆者は都市の中心部を対象としたものを模索していたところ、筆者はこのバルイベントに遭遇した。2016年を振り返ると、バルイベントに関する先行研究は、商学や建築学の視点からごくわずかしかみられない状況にあった。また、地理学の分野では、まちあるきブームをふまえ、実務的な観点からまちあるきマップは論じられているものの、地理学研究の対象としては必ずしもまちあるきマップに関心は持たれてこなかったようである。このようなことから、バルイベント研究に着手した。

バルイベントの調査を進める中、2020年に入り、世界的に猛威を振るうコロナ禍に遭う。筆者は、この年の4月1日に前任校の大阪産業大学から現任校の近畿大学に着任した。着任日はキャンパスに入る門は普通に開いていたが、2日後の3日には通用門のみが開かれ、入構制限がされる状況になった。中心市街地の活性化策としてのバルイベントは、賑わいの創出がその目的の一つであることから、厳しい局面に立たされることになる。そのような中、飲食店や商店街をはじめとして、まちづくりに取り組む人々の中には、状況に立ち竦むことなく、可能なことを積み重ねることで難局を乗り切ろうとする動きがあった。この動きを捉えることが必要と考え、科研費を申請したところ、2021年4月から3年の期間で基盤Cが採択された。コロナ禍に負けることなくまちづくりを継続した人々の取組み、すなわち様々な行動規制が求められるといった難しい状況の中での活動は示唆に富んだものであったと考える。2023年5月8日以降、コロナの法的位置付けは変わったものの、これらの活動を記録しおくことは、今後将来に起こり得るかもしれない新たなパンデミックの際に役立つ可能性はある。また、厳しい状況においても、動き続けてきたこと自体が、今後のまちづくりに活かされるであろう。

本書は、コロナ禍以前の調査結果とコロナ禍に負けることなくまちづくりを継続した人々の取組みをまとめたものであり、以下のとおり既に学会誌等で公表したものを出版にあたり本書の目的に沿って再構成したものである。

「近畿地方におけるバルイベント実行委員会事務局の担い手に関する一考察」「近畿大学総合社会学部紀要」第9巻第2号, pp.43-53, 2021（第2章、第11章）

「コロナ禍における兵庫県伊丹市にみる飲食店支援施策の迅速な展開」『日本都市学会年報』第54巻, pp.25-30, 2021（第3章）

「コロナ禍における道路を活用した飲食を楽しめる屋外空間の創出－兵庫県伊丹市の伊丹郷町屋台村の事例－」『近畿大学総合社会学部紀要』第11巻第1号, pp.63-82, 2022（第4章）

「コロナ禍での民間有志による「伊丹ナイトバル」の開催プロセスとその効果」『日本都市学会年報』第56巻, pp.129-138, 2023（第5章）

「コロナ禍における尼崎市アミング潮江商店街の青空市の開催とその成果」『日本都市学会年報』第55巻, pp.93-102, 2022（第6章）

「バルイベントの継続開催とそれに伴う他の地域活性化事業への展開－大阪市福島区の事例－」『大阪産業大学論集人文・社会科学編』, 第39号, pp.71-101, 2020（第7章）

「コロナ禍における開催期間の延伸によるバルイベント開催の実現－兵庫県三田市と大阪市福島区を事例として－」『大阪産業大学人間環境論集』, 第20号, pp.25-38, 2021（第7章、第10章）

「再生古民家活用飲食店集積地域における回遊型イベントの展開過程－大阪市城東区「がもよん」を事例として－」『大阪産業大学論集人文・社会科学編』, 第40号, pp.73-93, 2020（第8章）

「コロナ禍におけるオンライン配信を用いた地域活性化音楽イベント開催の意義－大阪市城東区の「がもよんフェス2020-2021」を題材とし

て―」『近畿大学総合社会学部紀要』第10巻第1号，pp.49-62，2021（第8章）

「新型コロナウイルスの影響からの地域活性化に向けた飲食店群のトライアル－大阪府門真市「かどま元気バル」の取組みからの示唆－」『地域活性学会研究大会論文集』，第12巻，pp.126-129，2020（第9章）

「コロナ禍におけるエリアリノベーションに向けた社会実験－大阪府門真市の事例－」『地域活性研究』，第17巻，pp.177-186，2022（第9章）

「近畿圏3地域における地産地消をコンセプトとしたバルイベントの比較」『地域活性研究』，第10巻，pp.41-50，2019（第10章）

なお、本書で記した調査を進める上で、コロナ禍という難しい状況にも関わらず、各地域の多くの方々にご協力をいただき、本書への資料の掲載をご了解いただいた。学会発表の際には、多くの先生方から建設的なご意見を頂戴した。日本都市学会、地域活性学会、大阪産業大学学会、近畿大学総合社会学部紀要委員会には、各誌での発表論文について本書への掲載をお認めいただいた。近畿大学の教職員の皆様には、コロナ禍に着任し右往左往する筆者の教育・研究活動にお力添えをいただいた。本書の調査の多くと出版はJSPS科研費JP21K12396を使用したものである。ここに記してお礼を申し上げる。

2023年11月1日

石原　肇

目　次

第３部　大規模再開発エリアでの対応

第４部　エリアリノベーションが進められている地域での対応

第５部　大都市圏郊外での対応

第６部　展望

第*1*部

はじめに

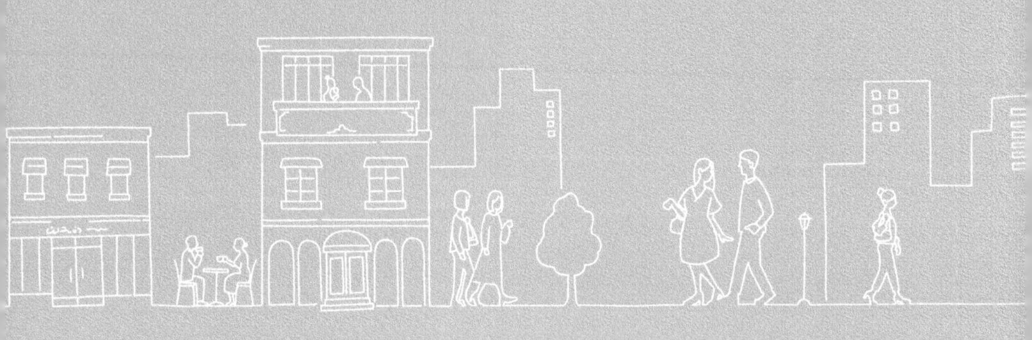

第1章

本書の目的

日本において、人口減少に伴う都市の縮退は、今後の都市を維持していく上で喫緊の課題となっている。都市の縮退を考えていく上で中心市街地の活性化は大きな課題といえよう。

中心市街地の活性化はかねてより課題とされてきた。国土交通省の『2014（平成 26）年度中心市街地活性化ハンドブック』（国土交通省都市局まちづくり推進課、2014）を参考にこれまでの経過を見よう。中心市街地には多様な都市機能が集積していたが、モータリゼーションの進展や消費生活の変化等の社会経済情勢の変化により空洞化が進んだ。この要因の一つとして、大規模店舗の出店も大きな影響を与えていると考えられ、1998 年にいわゆる「まちづくり三法」が制定された。すなわち、大規模小売店舗立地法、改正都市計画法、中心市街地活性化法の三法である。大規模小売店舗立地法は、大規模店舗の出店に際して周辺の生活環境の保持の観点から配慮を求めたものである。改正都市計画法は、まちづくりの観点から大規模店舗の立地規制などを可能にしたものである。中心市街地活性化法は、空洞化の進行している中心市街地の活性化を図ることを目的とされた。中心市街地活性化法については、市町村が中心市街地活性化基本計画を作成し、この基本計画に基づき市街地の整備改善と商業等の活性化を柱とする総合的・一体的な対策を関係府省庁、地方公共団体、民間事業者等が連携して推進することにより、中心市街地の活性化を図るものとされた。

しかし、中心市街地活性化法施行後、様々な対策が講じられてきたにも関わらず、中心市街地は、居住人口の減少、公共公益施設の移転や郊外大型店の立地といった原因により衰退が進んでいった。このため、2006 年に中心市街地活性化法は都市計画法とともに改正された。法改正の趣旨は、人口減少・超高齢社会の到来を迎える中で、高齢者をはじめ多くの人々にとって暮らしやすいまちとなるよう、様々な機能がコンパクトに集積した、「歩いて暮らせるまちづくり」の実現であった。これは、従前の中心市街地活性化法は商業振興策が中心であり、中心市街地を生活空間として再生する措置が少なく、また、市町村が策定した基本計画の内容を評価し、意欲的な取組みを国が集中的に支援する仕組みとなっていなかったとし、中心市街地における都市機能の増進および経済活力の向上を総合的かつ一体的に推進するため、内閣に中心市街地活性化本部を設置するとともに、市町村が作成する基本計画の内閣総理大臣による認定制度を創設、さまざまな支援策を重点的に講じていくこととされた。また、地域が一体的にまちづくりを推進するための中心市街地活性化協議会の法制化等の措置が講じられた。

その後、少子高齢化の進展や都市機能の郊外移転により、中心市街地における商業機能の衰退や空き店舗、未利用地の増加に歯止めがかからない状況であった。また、2014 年に政府は『日本再興戦略－JAPAN is BACK－』を決定し、同戦略において定められた「コンパクトシティの実現」に向け、民間投資の喚起を軸とした中心市街地の活性化を図るため、再度 2014 年に中心市街地活性化法は改正された。改正された中心市街地活性化法では、中心市街地への来訪者等の増加による経済活力の向上を目指して行う事業を認定した上で重点支援する制度の創設、中心市街地の商業の活性化に資する事業の認定制度ならびにこれに係る支援措置、道路占用の許可の特例等の創設がなされた。

戸所（2002）は、コンパクトな都市づくりによる中心市街地の活性化策の必要性を唱えている。小長谷（2012）は、地域活性化を検討する上で地域商業の重要性を説くとともに、成功事例の分析が必要であることを指摘している。宮本・湯沢（2004）は、中心市街地の活性化を図る上で検討すべき事項は 2 つあるとし、1 つ目は来街者の増加対策であり、2 つ目は回遊行動の促進であるとしており、特に回遊行動を促進させることは、来街者の増加と同じ効果をもち、また滞在時間の増加も期待することができるとしている。中心市街地の活性化策として、「100 円商店街」「まちゼミ」「バルイベント」が注目されている（長坂他、2012）。ここで、これら 3 つの取組みの仕組みについて見ておこう。

清水・中山（2015b）によれば、「100円商店街」とは、2004年に山形県新庄市の新庄南本町商店街でスタートし、商店街全体をひとつの100円ショップに見立て各店舗で100円商品を販売するイベントである。従前の活性化イベントでは「商店街に人を集める」ことはできても「個店の収益増加に結びつく」ことは少なかったが、「100円商店街」は発祥の商店街において、開催後の商店主アンケートにより、第1回目から継続的な売り上げ効果があることを実証したことから注目を集めた（清水・中山、2015b）。

依藤・松村（2014）によれば、「まちゼミ」は、2003年に愛知県岡崎市で始まった商店街活性化のための事業である「得するまちのゼミナール」で、中小企業庁などの支援もあり、全国の商店街に広まりつつある。まちゼミは商店主やスタッフが講師となり、専門的な知識や技術を無料で、予約された少人数の受講者に対してゼミナール方式で講義する取組みであり、1時間程度の時間を商店主と客が共有する中で、店の得意分野や商店主の人となりを受講者に知ってもらい、リピーターを増やすことを目的としている（依藤・松村、2014）。

「バルイベント」は、まちを食べ飲み歩くイベントであり、2004年の「函館西部地区バル街」での開催に始まり、この開催を端緒として2009年に千葉県柏市や兵庫県伊丹市（図1-1、図1-2）で開催され、その後、全国各地での開催が飛躍的に増加してきている。「函館西部地区バル街」の発案者であるスペイン料理家の深谷宏治シェフはスペインで修行したバスク地方でのバルを函館で再現することを考えたものである（石井、2007）[1)]。松下（2013）は「函館西部地区バル街」について、バル街とは、西部地区とバル街マップ（ガイドマップ）、ピンチョー（つまみ）の3つで構成されている飲み歩きイベントであるとしている。参加者は1冊5枚のチケットを例えば3,500円で購入し、飲食店はチケット1枚で1ドリンク・1フードを提供するものである。綾野（2012）によれば、バルイベントの効能としては、以下の3点があげられている。参加者は、比較的安価な値段で飲食でき、初めて行った店の味やメニュー、店の雰囲気、店員の様子を知れる。参加店は初めて来る参加者が多く、リピーターの

図1-1　第14回「伊丹まちなかバル」のバルマップブック

資料：伊丹まちなかバル実行委員会（2016）より引用

図1-2　第14回「伊丹まちなかバル」のバルマップブックのマップ

資料：伊丹まちなかバル実行委員会（2016）より引用

獲得に繋げる機会となる。まちにとっては、多くの参加者が回遊することで賑わいが創出される。

これら3つの取組みは目的や仕組みが異なることから、それぞれの地域の特性や取り組む主体とその目的に応じて、いずれかをあるいは複数が取り入れられてきている。また、これら3つの取組みは、いずれもが回遊行動を促進させることが期待できるが、これら3つの中で、「バルイベント」は回遊行動促進の効果を最も期待しやすいものと考えられる。それは「バルイベント」がイベントそのものの性格として参加者のまちあるきがベースとなっているからである。

2017年10月、公益財団法人日本デザイン振興会（2017）は、「函館西部地区バル街」をグッドデザイン100に選定した。審査委員の評価では、「この「バル街」ほど、全国に広まった食による地域興しイベントはないのではないだろうか。（中略）他地域での開催に関しては無償でノウハウを提供している。その活動に敬意を表して、ベスト100受賞となった。」としている。

松下（2019）は、函館西部地区バル街実行委員会から運営ノウハウを提供された「伊丹まちなかバル」の他、「カリアンナイト」（開催地：愛知県刈谷市）、「ながおかバル街」（同：新潟県長岡市）、「バルウォーク福岡」（同：福岡県福岡市）、「弘前バル街」（同：青森県弘前市）を、函館西部地区バル街との親子関係に喩えて「子バル」と呼び、「子バル」を模倣した「孫バル」が近畿地方と愛知県内、新潟県内、九州地方、青森県内で開催されているとしている。なかでも「伊丹まちなかバル」を模倣した「孫バル」や、「孫バル」を模倣した「ひ孫バル」が、近畿地方の各地で開催されるようになり、「まちなかバル」は高い注目を集めるようになったと長坂他（2012）を引用した上で指摘している（松下、2019）。しかし、「子バル」である「伊丹まちなかバル」から「孫バル」がどのように波及してきたかは詳らかにされてはいない。

筆者がバルイベントの調査を始めた2016年までのバルイベントに関する先行研究をみると、松下（2009）は、「函館西部地区バル街」の集客メカニズムを普段行くことのできない店の敷居の低さにあるとしている。真鍋（2013）は、近畿地方のバルイベントを対象とし、バルイベントの集客メカニズムは敷居の低さだけでなく、通常一軒の店に行く料金で複数の店を楽しめることにあるとしている。兪他（2014）は、参加者の回遊行動を把握するため大阪府大阪市福島区で実施された「野田・福島合体バル」の参加者を対象として、収集データは少ないものの、移動傾向が、近場で飲食型、早い移動飲食型、様子見ハシゴ型、街歩き型の４種類に分類できるとしている。清水・中山（2014）・清水・中山（2015a）では、商店街活性化イベントとして継続的にバルイベントを実施していく観点から、奈良県奈良市の「あるくん奈良まちなかバル」を対象に調査を行い、バルイベントに来た客による飲食店の評価を参加飲食店に知らせることの重要性を指摘している。藤原・中山（2015）による奈良県生駒市の「いまこいバル」に関する商店街活性化の観点からの報告がみられる。角谷（2015）は、「伊丹まちなかバル」を対象として調査し、バルイベント開催以降の飲食店の増加を確認している。長・樋口（2016）は、「ながおかバル街」によるまちの賑わい創出を論ずる上で、全国のバルイベントの実施状況についてインターネットでの調査を中心に調べているが、近畿地方についてみるとインターネットでの検索による限界が見受けられる。このように先行研究は、商学や建築学の視点からごくわずかしかみられず、複数の実施地域を対象としてガイドマップを含めた検討はなされていない。一方、まちあるきマップに着目すると、遠藤（2016）によりまちあるきブームをふまえての実務的な関心は持たれている。しかし、地理学研究の対象としては、まちあるきマップには必ずしも関心が持たれてはいないようである。また、中心市街地のイベントに関する地理学研究をみると、駒木（2016）は、愛知県豊橋市を研究対象地域として商店街を場としたまちづくり活動を報告しているが、回遊型イベントであるバルイベントを扱ったものではない。他方、五嶋（2012）は、長野県岡谷市での回遊型イベントである日本酒の飲み歩きイベントを報告しているが、造り酒屋が集積する地域を対象としたものであり、生産の場を観光資源として活用している事例である。

これらを踏まえ、筆者は、コロナ禍となるまで近畿地方[2)]で開催されるバルイベントについて、以下の３つの視点から調査を進めてきた。

①都市の位置や規模との関係、すなわち地域的特性と継続性の把握であ

る。この観点から、滋賀県の9市（石原、2017）、奈良県の6市町（石原、2018）、兵庫県の中心市街地活性化基本計画策定市の8市（石原、2019a）を調査している。

②地域的特性に応じた継続していくための運営方法の選択や工夫の把握である。この観点から、地産地消を取り入れた3市（大阪府八尾市、大阪府堺市、兵庫県三田市）での取組み（石原、2019b）、同一市域（大阪府東大阪市）で異なる3地域での取組み（石原、2019c）を調査している。

③都市の再生と関連したバルイベントの取組みの把握である。大阪市の中央区（石原、2019d）、福島区（石原、2020a）、城東区（石原、2020b）の3区を調査している。

2020年に入ってから日本もコロナ禍に遭う。新型コロナウイルス感染症（COVID-19）の発生により、日本では感染拡大の防止の観点から新型インフルエンザ等対策特別措置法に基づき2020年4月以降3度に渡り緊急事態宣言が発令される（表1-1）等、国民とあらゆる業界が、密閉、密集、密接のいわゆる三密を避けるための行動が求められた。

表1-1　緊急事態宣言の発出状況

回	発出期間
第1回	2020年　4月　8日～2020年　5月25日
第2回	2021年　1月　8日～2021年　3月　7日
第3回	2021年　4月25日～2021年　9月30日

資料：内閣官房（2021）により作成

大友（2020）は、2020年4月の緊急事態宣言による不要不急の外出の自粛要請により、娯楽目的の外出や必要品の購入以外の外出が激減し、とりわけ飲食事業は固定費として人件費と家賃が大きな割合を占めているため、急激な需要の減少に対応することが極めて困難であることが露呈したとしている。

地域活性化を目的として全国各地で行われている食べ飲み歩きイベントであるバルイベントは、1日あるいは2日で実施される場合が多く、参加者がまちなかを回遊し、飲食店をはしごすることから賑わいを創出する。しかし、新型コロナウイルス感染症への感染防止の観点から、参加者の三密を回避する対応が求められた。賑わいの創出と三密の回避を同時に達成することは難しいため、筆者の知る限りでは、近畿地方で 2020 年 3 ～ 5 月に予定されていたバルイベントは、例えば「八尾バル」「北船場（バ）ル」「芦屋バル」等軒並み開催中止を余儀なくされた。

兵庫県伊丹市の「伊丹まちなかバル」も開催中止を余儀なくされた一つである。伊丹市は古くからの城下町で清酒発祥の地として名高く、江戸時代に酒造業が大いに栄え、その経済力から多くの文人墨客が訪れ、俳諧文化が花開いた歴史と文化の香りが残っているとされる（村上、2016）。同市は中心市街地活性化基本計画策定市であり、従前より様々な地域活性化イベントを実施してきている（綾野、2017）。ことに「伊丹まちなかバル」は有名で 2009 年から春と秋の年 2 回継続して開催されてきており、多くの飲食店が参加し、参加者も多数に上っていた（写真 1-1）。村上（2016）は「伊丹まちなかバル」を

写真 1-1　第 21 回伊丹まちなかバルの様子

資料：筆者撮影（2019 年 10 月 19 日）

都市の祝祭として捉えている。「伊丹まちなかバル」は多くの参加者があるため、コロナ禍で2020年春以降は開催が見合わされてきた。浦野（2021）は、新型コロナウイルスが蔓延していく状況をふまえ、都市生活の健全な継続と都市文化を継承しつつ、こうした感染症や巨大災害に耐えうる都市のあり方が今まさに問われていると指摘している。上記のとおり、「伊丹まちなかバル」をはじめバルイベントは多くの地域で継続的に開催されてきたものである。バルイベントは、まちの賑わいの創出のみならず、参加店にとっては新規顧客獲得の機会、参加者にとっては新しい飲食店を比較的低価格で知る機会といった都市生活の一部となるとともに、祝祭的な都市文化になっていると捉えられよう。

従前より中心市街地の活性化が課題であったところに、コロナ禍となった。三度に渡る緊急事態宣言の解除以降、早期復興は大きな課題となっていたといえよう。そのような中、地域によっては、新型コロナウイルスの影響からの復興を目指し、中心市街地活性化策が講じられる動きが出てきた。

筆者は東京都在職時に、2000年三宅島火山ガス災害への防災関係機関の対応（石原、2006）、首都圏における東日本大震災に伴う事故由来放射性物質への基礎的自治体の対応（石原、2012）について報告してきた。新型コロナウイルス感染症は上記のような自然災害とは異なるものの、多数の市民が健康リスクの懸念と対峙する点で極めて類似している（表1-2）。新型インフルエンザ等対策特別措置法の性格から、自粛等の判断をする民間事業者や基礎的自治体、関係機関等の新型コロナウイルス感染症への対応行動を記録しておくことは、今後の資料として有用であると考えた。

表1-2　筆者の職務経験のある健康リスクを伴う事象とそれに対応する根拠法等と新型コロナウイルス感染症のそれとの比較

事　象	2000年 三宅島火山災害	2011年東日本大震災に伴う 事故由来放射性物質		新型コロナウイルス 感染症
健康リスク	二酸化硫黄	放射性物質		新型コロナウイルス
根拠法	災害対策基本法	事故由来放射性物質対処特別措置法		新型インフルエンザ等 対策特別措置法
フェーズ	災害応急対策	除染実施区域	除染特別区域	緊急事態宣言
空間スケール	一基礎的自治体	東日本	福島県内の一部	世界
国	−	除染実施区域の指定	避難指示 除染特別区域の指定 除染 避難指示解除	緊急事態宣言 緊急事態宣言の解除
都道府県	−	汚染状況重点調査地域の申出	−	自粛要請に従わない事業者の公表
市町村	避難指示 避難指示解除	汚染状況調査 除染	−	−
住民・事業者	市町村長の指示に従う	−	国の指示に従う	自粛要請等について自主的に判断
特　徴	市町村長に避難指示およびその解除の権限があり、住民はそれに従うことになる。	市町村長に汚染状況調査を実施するか否かを判断する権限がある。住民は直ちに避難を要する程の汚染状況にない。	国が直轄で判断し、住民のみならず、行政機関も避難する。	国が緊急事態宣言およびその解除を行う。都道府県知事は、自粛要請に従わない事業者の公表程度の権限しかない。市町村長には権限はない。住民や事業者は自粛要請を自らが判断する必要がある。緊急事態宣言解除後も同様の傾向にある。

資料：関係法令に基づき作成

先に記したように、バルイベントは回遊型の食べ飲み歩きイベントであり、賑わいの創出が目的の一つとなっており、三密の回避を達成することを考える必要が出てくる。そこで本書では、そのような状況下で伊丹市をはじめとした近畿地方の各地域では、コロナ禍以前の取組みを踏まえつつ、コロナ禍でどのような対応策が講じられてきたかを把握し、その狙いや効果などから、対応行動の類型化を試みることを目的とする。2023年5月8日に、新型コロナウイルス感染症の法的位置付けが変更されたことも踏まえ、今後パンデミックが起きた際に資するものとしたい。あわせて、コロナ禍という難局においても、活性化策に取り組んできた要因はどこにあるのかについて考察することも目的とする。

この目的を達成するために、図1-3の地域を対象として調査してきた結果を、本書では以下の構成で記した。第2部では伊丹市に着目し、第2章で「伊丹まちなかバル」がコロナ禍になる前までにどのような進展を遂げてきたか、また同時に開催されてきた「近畿バルサミット」がどのような役割を果たしてきたかを明らかにする。第3章ではコロナ禍において伊丹市では2020年に緊急対応としてどのような飲食店支援策が取り組まれたかを整理する。第4章では2021年に「伊丹まちなかバル」が開催できない状況の中、路上空間を活用した「伊丹郷町屋台村」が開催され、どのような意義があったかを明らかにする。第5章では2022年5月の「伊丹まちなかバル」の中止決定を受け、民間有志により「伊丹ナイトバル」が非公式に開催されており、その意義について触れる。

第3部では大都市圏中心部での大規模再開発が行われてきたエリアの動向とバルイベントの関係を見つつ、コロナ禍での対応の動きを把握する。第6章では兵庫県尼崎市のJR尼崎駅周辺について、第7章では大阪市福島区の福

図1-3　本書の対象地域

島地区・野田地区について、それぞれ周辺の再開発との関連で把握する。

第4部では大都市圏中心部とは異なっており、大規模再開発というよりはエリアリノベーションが進められる地域での動向とバルイベントの関係を見つつ、コロナ禍での対応の動きを把握する。第8章では大阪市城東区の再生古民家の飲食店が集積する蒲生4丁目に着目し、地域におけるリノベーションとの関連の中での地域活性化策の動向を把握する。第9章では大阪府門真市における市域全体でのバルイベントとエリアリノベーションを目指した社会実験の動きに着目する。

第5部では大都市圏郊外に注目し、第10章として兵庫県三田市における地産地消と関連付けたバルイベントの取組みとコロナ禍での動きを捉える。

第6部では展望として、第11章において、これまで見てきたコロナ禍での各地域での取組みを整理し、対応行動の類型化を試みる。あわせて、これからのまちづくりへの示唆について言及することとする。

注

1) 観光と食文化の視点から、尾家（2012）は、地方の食文化が地場産業と製造業の衰退、人口の減少、中心地商店街の空洞化により存続が危ぶまれているとし、食文化の変化の中で、2000年を前後して食に関連した地域活動、行政施策、まちづくり、生産物流通、観光事業などにおいて様々な動きがみられるとしている。その具体的な事例として、「農山漁村の郷土料理」、「B級ご当地グルメ」、「伝統野菜」、「直売所・ネット通販・6次産業化」と並んで、「まちなかバル（バルイベント）」をスペインの食文化を取り入れた新しいイベントとしてあげている（尾家、2012）。
2) 本書では、近畿地方を滋賀県、京都府、大阪府、兵庫県、奈良県、和歌山県の2府4県とする。

参考文献

綾野昌幸　2012：「全国で、近畿で拡大するバル事業」『商店街・賑わい読本』，第7巻，pp.3-6.

綾野昌幸　2017：「鉄道会社と寄り添うまちづくり－駅をつなぐ面的整備とにぎわいに向けた取り組み－」『都市住宅学』，第97巻，pp.44-49.
石井　昇　2007：「ひと2007　函館の「バル街」を発信する深谷宏治さん」，『北海道新聞』
石原　肇　2006：「2000年三宅島火山ガス災害－対策の変遷－」『地學雜誌』，第115巻第2号，pp.172-192.
石原　肇　2012：「首都圏の区市町村における事故由来放射性物質に係る空間放射線量率測定のための対応」『土木学会論文集G（環境）』，第68巻第5号，pp.I_297-I_304.
石原　肇　2017：「滋賀県におけるバルイベントの地域的特性」『日本都市学会年報』，第50巻，pp.241-250.
石原　肇　2018：「奈良県におけるバルイベントの地域的特性」『大阪産業大学論集人文・社会科学編』，第33号，pp.35-48.
石原　肇　2019a：「中心市街地活性化基本計画の設定区域とバルイベントの実施範囲との比較－兵庫県を事例として－」『大阪産業大学人間環境論集』，第18号，pp.1-29.
石原　肇　2019b：「近畿圏3地域における地産地消をコンセプトとしたバルイベントの比較」『地域活性研究』，第10巻，pp.41-50.
石原　肇　2019c：「東大阪市内3地域におけるバルイベントの運営方法の地域的特性」『大阪産業大学論集人文・社会科学編』，第37号，pp.85-106.
石原　肇　2019d：「地域ブランディングのツールとしてのバルイベント－大阪市中央区「北船場（バ）ル」を事例に－」『地域活性学会研究大会論文集』，第11号，pp.139-242.
石原　肇　2020a：「バルイベントの継続開催とそれに伴う他の地域活性化事業への展開－大阪市福島区の事例－」『大阪産業大学論集人文・社会科学編』，第39号，pp.71-101.
石原　肇　2020b：「再生古民家活用飲食店集積地域における回遊型イベントの展開過程－大阪市城東区「がもよん」を事例として－」『大阪産業大学論集人文・社会科学編』，第40号，pp.73-93.
浦野正樹　2021：「コロナ感染状況下に生きる」『日本都市学会年報』、第54巻、pp.5-7.
遠藤宏之　2016：「昨今の「まちあるきマップ」について」『地理』，第729号，pp.110-113.
尾家建生　2012：「地域の食文化とガストロノミー」『大阪観光大学紀要』，第12巻，

pp.17-23.
大友信秀　2020：「観光マーケティングは地域に何を与えるか？（2）－新型コロナウイルス感染拡大（パンデミック）後のパラダイムシフト－」『金沢法学』，第63巻第1号，pp.1-8.
公益財団法人日本デザイン振興会　2017：「グッドデザイン賞受賞概要」
https://www.g-ark.org/award/describe/46066
（最終閲覧日：2018年11月11日）
国土交通省都市局まちづくり推進課　2014：『2014（平成26）年度中心市街地活性化ハンドブック』
http://www.mlit.go.jp/crd/index/handbook/2014/2014tyukatu_handbook.pdf
（最終閲覧日：2018年11月11日）
五嶋俊彦　2012：「景観＋飲食＋購入の観光３要素－SAKE（日本酒）ツーリズムによる地域活性化－」，小長谷一之他『地域活性化戦略』，晃洋書房，pp.129-201.
小長谷一之　2012：「地域活性化を考える視点」．小長谷一之・五嶋俊彦・本松豊太・福山直寿『地域活性化戦略』，晃洋書房，pp.1-57.
駒木伸比古　2016：「商店街を場としたまちづくり活動」，根田克彦編著『まちづくりのための中心市街地活性化』，古今書院，pp.79-99.
清水裕子・中山　徹　2014：「継続的な商店街活性化イベントのありかたに関する研究：あるくん奈良まちなかバルを事例として」『日本建築学会技術報告集』，第20巻第44号，pp.285-290.
清水裕子・中山　徹　2015a：「商店街活性化イベントのインターナル・ブランディングに関する研究：あるくん奈良まちなかバルを事例として（その2）」『日本建築学会技術報告集』，第21巻第49号，pp.1229-1234.
清水裕子・中山　徹　2015b：「商店街活性化イベント「100円商店街」の実態調査」．『家政学研究』，第62巻第1号，pp.12-20.
角谷嘉則　2015：「商店街におけるコーディネーションの分析：飲食店の増加とバル街による変化」『流通』，第36巻，pp.31-45.
長　聡子・樋口　秀　2016：「「ながおかバル街」によるまちの賑わい創出：来店機会創出イベントの効果と課題」『日本建築学会計画系論文集』，第723号，pp.1145-1152.
戸所　隆　2002：「コンパクトな都市づくりによる都心再活性化政策」．『季刊中国総研』，第6巻第1号，pp.1-10.
内閣官房　2021：「新型コロナウイルス感染症緊急事態宣言の実施状況に関する報告」
https://corona.go.jp/news/pdf/houkoku_r031008.pdf
（最終閲覧日：2022年2月24日）

長坂泰之・齋藤一成・綾野昌幸・松井洋一郎・石上　僚・尾崎弘和　2012：『100円商店街・バル・まちゼミ お店が儲かるまちづくり』, 学芸出版社, pp.253.
日本経済再生総合事務局　2013：『日本再興戦略－JAPAN is BACK－』
https://www.kantei.go.jp/jp/singi/keizaisaisei/pdf/saikou_jpn.pdf
（最終閲覧日：2018年11月11日）
藤原ひとみ・中山　徹　2015：「商店街活性化事業に関する研究－「いまこいバル」を事例としてー」『日本建築学会学術講演梗概集（都市計画）2015』, pp.69-70.
松下元則　2009：「函館西部地区バル街の集客メカニズム」『食生活科学・文化及び環境に関する研究助成研究紀要』、第24号、pp.191-199.
松下元則　2013：「函館西部地区バル街の概観：歩み・参加者行動・仕組み」『福井県立大学論集』, 第41号, pp.87-112.
松下元則　2019：「バル街をめぐる言説のテキストマイニング分析－言説の「内容」と「数」の変化－」『福井県立大学論集』, 第52号, pp.37-57.
真鍋宗一郎　2013：「回遊型飲食イベント（バルイベント）の集客メカニズムについて」『創造都市研究e』, 第8巻第1号, pp.1-25.
宮本佳和・湯沢　昭　2004：「土地利用変化からみた中心市街地の将来予測と回遊行動の現状把握－前橋市中心市街地を事例としてー」『都市計画論文集』, 第39巻第3号, pp.661-666.
村上有紀子　2016：「祝祭広場がまちなかで果たす役割－伊丹市三軒寺前広場－」『日本都市計画学会関西支部だより』、2016年第3号、pp.8-9.
兪　　維・宗田明大・横田隆司・飯田　匡・伊丹康二　2014：「「街バル」開催時の回遊行動特性と街に対する印象評価に関する研究－大阪野田・福島地区を対象に－」『日本建築学会・情報システム技術委員会第37回情報・システム・利用・技術シンポジウム2014』, pp.1-6.
依藤光代・松村暢彦　2014：「「得するまちのゼミナール」が商店街の社会的ネットワークに及ぼす影響に関する研究－東大阪市小阪商店街をケーススタディとして－」.『都市計画論文集』, 第49巻第3号, pp.789-794.

第2部

兵庫県伊丹市に着目して

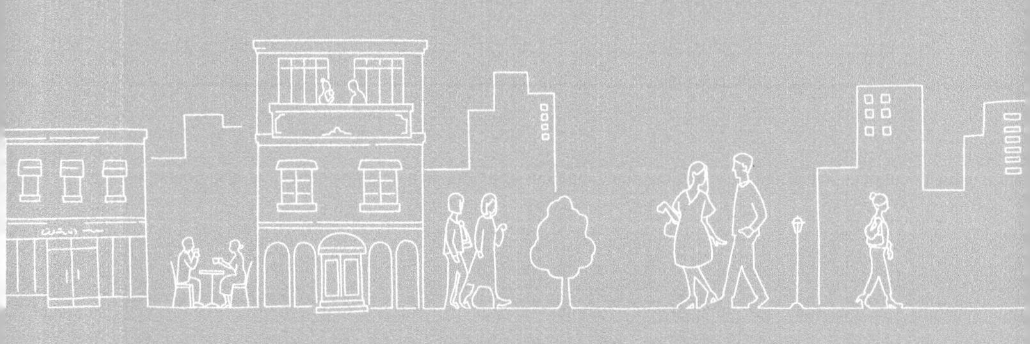

第2章

「伊丹まちなかバル」の開始と波及

1. はじめに

前章では、本書の目的を記した。本書を書き進める上で、近畿地方のバルイベントがコロナ禍に遭うまでどのような状況にあったかについてまず触れておきたい。本章では、「伊丹まちなかバル」の展開と他の地域にバルイベントがどのように波及してきたかを見ていくこととする。

まず、伊丹市で行われている「伊丹まちなかバル」の開催の概況に触れる。ついで、伊丹市では「伊丹まちなかバル」の開催に合わせて、バルイベントを実施する団体の情報交換の場として、「近畿バルサミット」を開催しており、主催する伊丹市から「近畿バルサミット」の第1回（2011年5月）から第18回（2019年10月）までの参加団体リストの提供を受けた。これらのリストから参加団体数の推移を図示するとともに、近畿地方のどの地域からの参加が多いかを把握する。また、バルイベントは、中心市街地の活性化策として開催されていることが多いことから、内閣府地方創生推進事務局HPから近畿地方における認定された中心市街地活性化基本計画を保有する市を把握する。

「伊丹まちなかバル」から他の地域にバルイベントが波及したが、それらの地域は必ずしも全てが中心市街地活性化基本計画策定市ではない。このため事務局となる機関等も一様ではない。そこで、前章に記したとおり、筆者のこれまで行った調査対象となったバルイベント実行委員会について、その構成について整理を行い、事務局を担っている機関等にどのような傾向があるかを考察する。

2. 「伊丹まちなかバル」の開催の概況

伊丹市は兵庫県南東部に位置し（図2-1）、市域の面積は約25.09㎢、人口は196,883人（2015年10月、国勢調査）となっている。周囲は兵庫県尼崎・西宮・宝塚・川西の各市や大阪府豊中・池田両市と接している。大阪市から約10キロメートルと近く、JR福知山線や阪急伊丹線が結び、大阪の衛星都市の一つとして位置づけられ、大阪国際空港があることで交通の要衝ともなっている。

また、日本酒発祥の地でもある。2020年6月19日、伊丹市が幹事市となり、神戸市、尼崎市、西宮市、芦屋市、の5市で申請を行った『「伊丹諸白」と「灘の生一本」下り酒が生んだ銘醸地、伊丹と灘五郷』が2020年度の日本遺産に認定されている。

中心市街地活性化基本計画の認定を受け、ハードの面から整備が進められ、その上で「伊丹まちなかバル」が実施されてきている。2016年7月には、JR伊丹駅と阪急伊丹駅の中間にある三軒寺前広場が「第2回まちなか広場

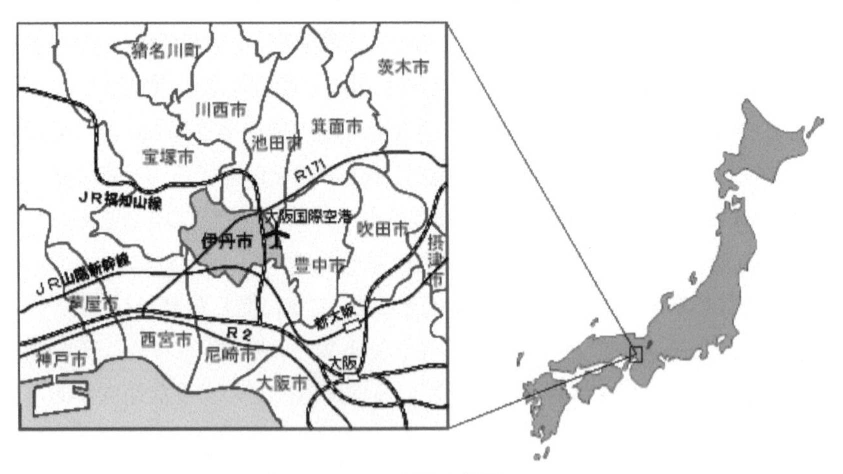

図2-1　伊丹市位置図

資料：伊丹市ＨＰより引用
https://www.city.itami.lg.jp/mirai/sinosyoukai/21179.html
（最終閲覧日：2022年6月12日）

賞」の特別賞を受賞している（主催：全国まちなか広場研究会）。また、三軒寺前広場の北側に位置する伊丹市立図書館は改修され、子どもから高齢者まで多くの市民が集う「ことば蔵」として再出発し、ライブラリーオブザイヤー2016の大賞を受賞している。これらの成果は名実ともに成功事例の一つとして考えられる。

このようなハード整備の取組みが進められる中、「伊丹まちなかバル」は、2009年10月に近畿地方で初めて開催された。先行して行われてきた音楽イベント「オトラク」との同時開催がなされている。第1回に開催以降、毎年春と秋に2回開催され、2019年10月に第21回を迎えている（表2-1）。近年の傾向をみると、春は5月20日前後の土曜日、秋は10月20日前後の土曜日の開催となっている。

表2-1 「伊丹まちなかバル」および「近畿バルサミット」の開催経過

回		開催年月日
伊丹まちなかバル	近畿バルサミット	
1	－	2009年10月17日(土)
2	－	2010年 5月22日(土)
3	－	2010年 9月19日(日)
4	1	2011年 5月21日(土)
5	2	2011年11月12日(土)
6	3	2012年 5月19日(土)
7	4	2012年10月20日(土)
8	5	2013年 5月18日(土)
9	6	2013年11月 2日(土)
10	7	2014年 5月17日(土)
11	8	2014年11月 1日(土)
12	9	2015年 5月23日(土)
13	10	2015年10月24日(土)
14	11	2016年 5月21日(土)
15	12	2016年10月22日(土)
16	13	2017年 5月20日(土)
17	14	2017年10月21日(土)
18	15	2018年 5月19日(土)
19	16	2018年10月20日(土)
20	17	2019年 5月18日(土)
21	18	2019年10月19日(土)

資料：伊丹まちなかバルＨＰにより作成

この間の参加飲食店数とチケット販売数の推移を図 2-2 に示した。参加飲食店数は第 1 回の 54 店であったものが、第 8 回から第 16 回まで 100 店を超している。それ以降は第 17 回と第 19 回、第 21 回を除き 100 店を超している。第 17 回以降は、秋に若干参加飲食店数が低くなる傾向がみられる。また、チケット販売数の推移をみると、参加飲食店数の推移と同様の傾向がみられる。

「伊丹まちなかバル」は、第8回までチケット販売数を、第10回まで参加飲食店数を伸ばし、それ以降、それぞれ緩やかな減少傾向を示しているように見える。これまでの筆者が調査してきた各地域でのバルイベントにおいて、継続開催している場合は、当初数回目までチケット販売数が伸び、その後は減少傾向となっており、このことは共通する傾向といえそうである。チケット販売数の減少が著しいと、開催を休止するケースもみられる。「伊丹まちなかバル」のチケット販売数や参加飲食店数の減少傾向はわずかであり、集客力の高いイベントであり続けていることに変わりはない。

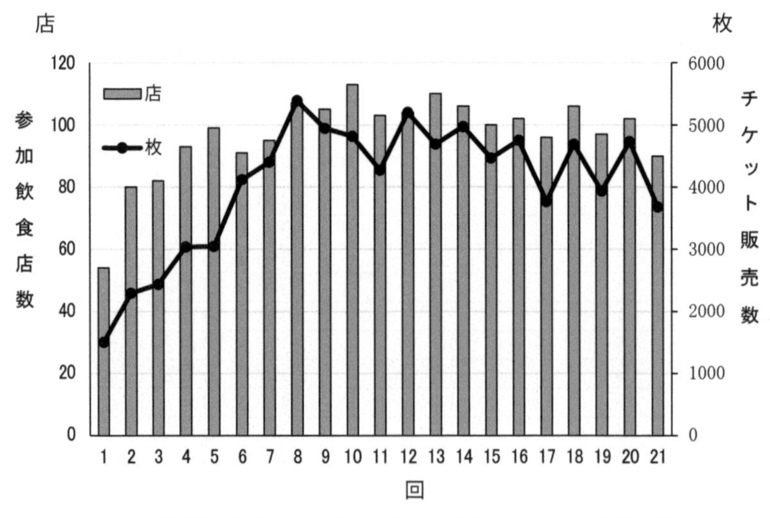

図2-2 「伊丹なかまちバル」参加飲食店数とチケット販売数の推移

資料：伊丹市提供資料により作成

3. 「近畿バルサミット」参加地域の状況

第4回の「伊丹まちなかバル」から、その開催に合わせ、伊丹市は「近畿バルサミット」を開催してきている（表2-1）。「近畿バルサミット」は、バルイベントを実施する団体が参加し、情報交換するものである。バルイベントを実施する団体は、市役所、商工会、まちづくり会社、ボランティア団体など、それぞれの地域によって異なる。また、直接バルイベントを実施する団体ではないが、関係行政機関やNPO等も参加している。伊丹市が「近畿バルサミット」を初開催するまでの間は、このように定期的に情報交換をする場はなかった。

筆者は、2016年5月に伊丹市主催の「近畿バルサミット」に参加する機会を得た。初参加以降、半年に一度開催される度に「近畿バルサミット」に継続して出席し、参加団体による情報交換の場に同席してきている。バルイベントが注目されているものの、その統計はないことから、「近畿バルサミット」に参加する団体より、近畿地方でのバルイベントの波及状況を把握した。「近

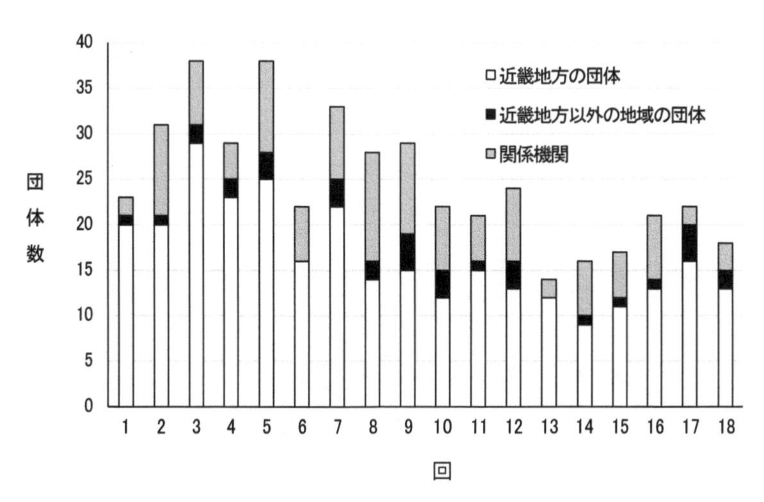

図2-3 「近畿バルサミット」関係機関別参加団体数の推移

資料：伊丹市提供資料により作成

畿バルサミット」を主催する伊丹市から第1回（2011年5月）から第18回（2019年10月）までの参加団体リストの提供を受けた。これらのリストから参加団体数の推移を図示するとともに、近畿地方のどの地域からの参加が多いか図示した。また、バルイベントは、中心市街地の活性化策として開催されていることが多いことから、内閣府地方創生推進事務局HPから近畿地方における認定された中心市街地活性化基本計画を保有する市を図示した。

図2-3に参加団体数全体の推移を示した。第1回から第12回までは、常に20以上の団体・関係機関が参加している。第3回（2012年5月）と第5回（2013年5月）に最も多くの38団体・関係機関が参加している。第13回以降は参加団体全体の数はやや減少している。第6回（2013年11月）と第13回（2017年5月）を除き、それ以外の回では常に近畿地方以外の地域の団体も参加している。また、いずれの回においても関係行政機関やNPO等も参加している。

図2-4に近畿地方の府県別の参加団体数の推移を示した。伊丹市のある兵庫県と隣接する大阪府の2府県の団体が多くを占めている。まれに、それら

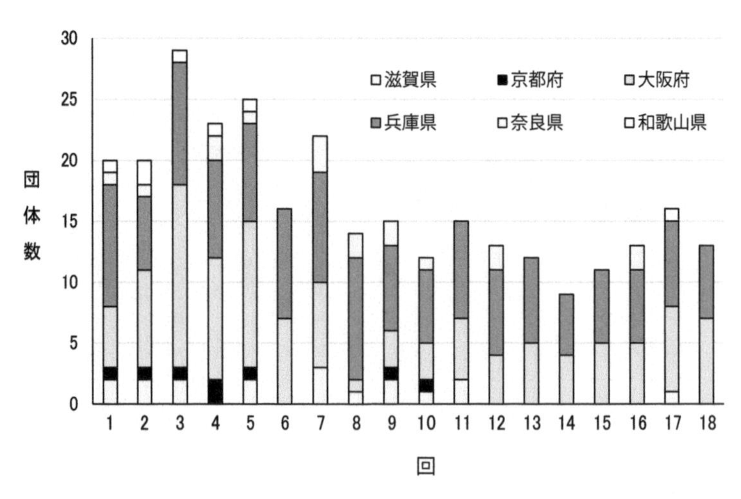

図2-4 「近畿バルサミット」近畿2府4県別参加団体数の推移

資料：伊丹市提供資料により作成

の他の1府3県の団体の参加が無い回もある。

「近畿バルサミット」は、2011年5月の第1回に始まり、2019年10月の第18回に至るが、2014年5月の第7回まで多くの参加団体があり、第8回以降の参加団体数は減少傾向を示しているといえよう。「近畿バルサミット」は自由参加であり、参加したい団体が出席している。第7回までの間に、バルイベントを初めて開催しようとする団体、バルイベントを初めて開催して課題を見出した団体などが多く、このことから参加団体数が多くなっていると考えられる。その後も、「近畿バルサミット」に参加し続ける団体がある一方、「近畿バルサミット」に参加しなくなる団体もあり、また、バルイベントを初めて開催しようとする団体が新規に参加する数が少なくなり、全体として第8回以降は、参加団体数が減少傾向にあるものと考えられる。

図2-5に近畿地方の参加団体の所在する位置を示した。伊丹市を中心にみると、JR神戸線・JR福知山線・JR京都線の沿線と大阪市内に比較的集中し

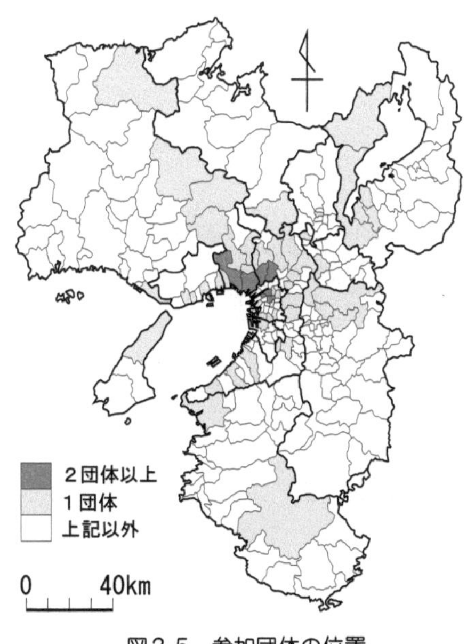

図2-5　参加団体の位置

資料：伊丹市提供資料により作成

ているものの、近畿地方に広く波及している。図 2-6 に認定された中心市街地活性化基本計画を保有する市の位置を示した。これを図 2-5 と重ね合わせたのが、図 2-7 である。認定された中心市街地活性化基本計画を保有する市の団体が「近畿バルサミット」に参加している場合が多い。また、中心市街地活性化基本計画を策定していない地域からの参加も多い。

日本で最初のバルイベントである「函館西部地区バル街」の発祥の地である函館市は中心市街地活性化基本計画策定市である。しかし、「函館西部地区バル街」は旧市街地をバルイベントの実施範囲としており、中心市街地活性化基本計画の中心市街地区域とは異なるエリアで実施されており、必ずしも中心市街地活性化策としてスタートはしていない。

これに対して、近畿地方で最初に導入された「伊丹まちなかバル」の伊丹市も中心市街地活性化基本計画策定市であり、伊丹市では中心市街地活性化基本計画の中心市街地区域とバルイベントの実施範囲が重なっている（石原、

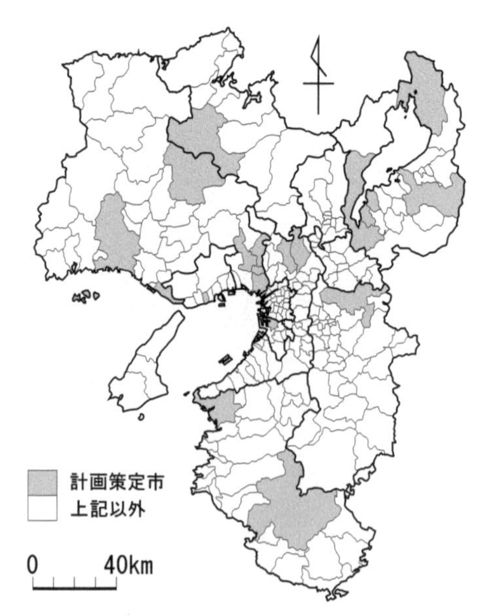

図2-6　中心市街地活性化基本計画を有する市の位置

資料：内閣府地方創生推進事務局ＨＰにより作成

2019a)。伊丹市での「伊丹まちなかバル」の成功が、バルイベントが中心市街地活性化策の一つとして有効と考えられた契機であると推察される。その結果、中心市街地活性化基本計画を策定している市においてバルイベントが実施され、それらの市の多くが「近畿バルサミット」に参加し、情報交換していると考えられる。

2009年10月に近畿地方で初めてのバルイベントである「伊丹まちなかバル」が開催され、その1年半後の2011年5月から「近畿バルサミット」が開催されてきた。筆者は、近畿地方でバルイベントが多く開催されている要因として、「伊丹まちなかバル」の成功と伊丹市が主催する情報交換の場である「近畿バルサミット」の存在は大きいと考える。伊丹市が「近畿バルサミット」を開催することでバルイベントを実施しようとする地域の団体に対して、成功モデルとしての「伊丹まちなかバル」の実際の姿を見せる機会を提供するとともに、各地域での取組みにおける課題やそれらの対応策を共有する場が創

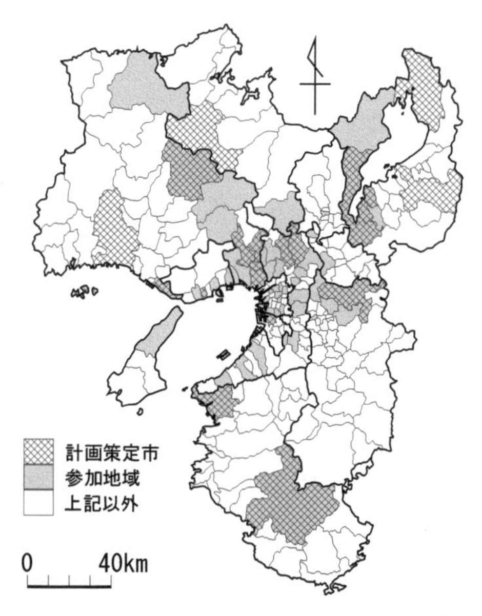

図2-7　参加団体と基本計画を有する市の関係

資料：図2-5と図2-6により作成

出され、近畿地方へバルイベントが波及していくことを促進したものと考える。また、近畿地方以外の地域の団体が参加していることも注目される。

なお、中心市街地活性化基本計画策定市で、「近畿バルサミット」に参加していない市は、バルイバントを開催していない滋賀県東近江市や兵庫県丹波市、一度バルイバントを開催して以降は開催していない京都府福知山市がある。バルイベントを継続開催しつつも「近畿バルサミット」に参加していないのは滋賀県長浜市と兵庫県姫路市の2市であり、長浜市は黒壁、姫路市は姫路城といった核となる施設もあり、両市とも地域活性化に独自色を出していることから、必ずしもバルイベントの情報交換を必要としてこなかったものと推測される。

4. バルイベント実行委員会事務局

筆者のこれまで行った調査対象となったバルイベント実行委員会について、その構成について整理を行い、事務局を担っている機関等にどのような傾向があるかを考察する。

なお、本書では、事務局を担っている機関等をバルイベント実行委員会の担い手と位置付ける。バルイベント実行委員会の事務局は、①バルイベントの実施時期や参加飲食店の参加要件、チケットの料金等の設定、②参加飲食店の募集・選別、③関係機関との調整、④バルマップの作製、⑤チケットの予約・販売、⑥開催日の本部運営等の業務を遂行する機能をもっているものと解される。

筆者がこれまで調査してきたバルイベントの実行委員会等の実施組織と事務局について示したのが表2-2である。バルイベントの実施主体は実行委員会となっている地域が多い。実行委員会でない場合は、商工会議所あるいは商工会のケースが多い。また、伊丹市や川西市のように中心市街地活性化協議会が実施主体となっている場合もみられる。

表2-2　各バルイベントの実施主体と事務局

府県	市町	実施主体	事務局	初回年月	中基計画※の有無
滋賀県	大津市	運営委員会	㈱まちづくり大津	2012年 9月	有
	草津市	草津商工会議所	草津商工会議所	2012年10月	有
	栗東市	栗東市商工会	栗東市商工会	2013年10月	無
	守山市	実行委員会	守山商工会議所	2010年11月	有
	野洲市	実行委員会	野洲市観光物産協会	2013年11月	無
	近江八幡市	近江八幡商工会議所	近江八幡商工会議所	2013年11月	無
	彦根市	実行委員会	彦根商工会議所	2013年 2月	有
	長浜市	長浜商店街連盟	長浜まちなか本陣	2013年 5月	有
	高島市	高島市商工会	高島市商工会	2014年11月	無
大阪府	大阪市中央区	実行委員会	㈱ケイオス	2012年 5月	無
	大阪市福島区	実行委員会	㈱MAKE LINE	2011年 5月	無
	大阪市城東区	実行委員会	㈱R PLAY OFFICE →一般社団法人がもよん にぎわいプロジェクト	2012年 9月	無
	堺市堺区	実行委員会	そや堺ええ街つくり隊	2011年12月	有
	東大阪市（布施）	実行委員会	実行委員長（飲食店主）	2013年10月	無
	東大阪市（小阪）	実行委員会	特定非営利活動法人 週刊ひがしおおさか	2013年 3月	無
	東大阪市（長瀬）	実行委員会	実行委員長（飲食店主）	2014年 7月	無
	八尾市	実行委員会	実行委員長（ボランティア）	2011年10月	無
	門真市	実行委員会	実行委員長（飲食店主）	2012年 4月	無
兵庫県	神戸市（長田区）	アスタ新長田北テナント会	アスタ新長田北テナント会	2016年10月	有
	姫路市	姫路商工会議所	姫路商工会議所	2012年11月	有
	尼崎市	実行委員会	実行委員会	2014年 7月	有
	明石市	実行委員会	明石地域振興開発㈱	2010年10月	有
	伊丹市	伊丹市中心市街地協議会	伊丹まち未来㈱	2009年10月	有
	宝塚市	実行委員会	実行委員会	2014年 5月	有
	川西市	川西市中心市街地協議会	川西市中心市街地協議会	2011年 5月	有
	三田市	実行委員会	実行委員長（ボランティア）	2011年10月	無
奈良県	奈良市	実行委員会	㈱まちづくり奈良	2010年10月	有
	生駒市	実行委員会	生駒商工会議所	2013年 3月	無
	天理市	実行委員会	実行委員会	2014年11月	無
	大和郡山市	実行委員会（商店街振興会）	実行委員会（商店街振興会）	2015年 3月	無
	橿原市	橿原商工会議所	橿原商工会議所	2016年12月	無
	王寺町	王寺町商工会	王寺町商工会	2017年 3月	無

資料：筆者のこれまでの調査結果に基づき作成
※中心市街地活性化基本計画

実行委員会であると、どの組織がバルイベントという事業を推進しているのかやや見えにくい。そこで、事務局をいかなる組織が担っているかをみよう。滋賀県、兵庫県、奈良県では商工会議所あるいは商工会が事務局である場合が多い。また、滋賀県、兵庫県、奈良県では中心市街地活性化基本計画策定市の場合、まちづくり会社が事務局を担っている場合もみられる。

これらの3県と比較して、大阪府は大いに様相は異なる。大阪市におけるバルイベントは別の本業のある企業が事務局を担っている。また、それ以外の市においては、飲食店主あるいは非営利団体が事務局を担っている。このように大阪府では、商工会議所あるいは商工会ではないケースがほとんどとなっている。大阪市およびその周辺市は、人口も多く、商店街等も多数存在している。このことから、商工会議所あるいは商工会は必ずしもバルイベントだけに注力できる状況にないと考えられる。また、バルイベントそのものではなくバルイベントの開催を通じて地域の良さを地域内外にPRする社会的企業家的な企業（石原、2019d、石原、2020a、石原、2020b）や人（石原、2019c、石原、2020b）が存在していることもあると考えられる。

滋賀県や兵庫県の中心市街地活性化基本計画の策定市では、計画期間中の場合に、バルイベントが継続開催されやすい傾向にあるといえる（石原、2017、石原、2019a）。これは、中心市街地活性化協議会あるいは商工会議所やまちづくり会社がバルイベントの実施を牽引していくことに貢献しやすい状況にあるからと推測される（石原、2019a）。中心市街地活性化基本計画という行政計画があることが後ろ盾になる。その反面、公的機関である中心市街地活性化協議会あるいは商工会議所やまちづくり会社が事務局になると、参加飲食店は広くあまねく受け入れる傾向になる。少なくとも飲食店の参加の権利を排除しにくい。

これに対して、大阪府でみられるような別の本業のある企業あるいは飲食店主、非営利団体が事務局を担っている場合、必ずしも参加飲食店を募る際に広くあまねくではなく、その地域のバルイベントの特徴付けを意識して参加飲食店にハードルを課す運用が可能となる。筆者が知る限りにおいて、最も顕著な事例は、大阪府八尾市の八尾バルであろう。八尾バルは地域特産野菜である若ゴボウとエダマメを前面に出した地産地消を推進するため、参加飲食店にバルイベントで出すつまみの素材に、春は若ゴボウ、夏はエダマメを必ず使用することを参加の要件としている（石原、2019b）。また、東大阪市の長瀬バルは、飲食店主が実行委員長であり、参加者と飲食店主が接点をもつようカウンターのある店を参加要件としており、他の地域との差別化を図っている（石原、2019c）。

5. まとめ

本章では、「伊丹まちなかバル」の開催にあわせ、兵庫県伊丹市が主催する「近畿バルサミット」の参加団体の推移を把握してきた。その結果、多くの団体が参加しており、特に第３回（2012 年５月）や第５回（2013 年５月）に最も多くの団体が参加し、急速にバルイベントを開催する地域が増加していた。近畿地方でバルイベントが多く開催されている要因として、「伊丹まちなかバル」の成功と伊丹市が主催する情報交換の場である「近畿バルサミット」の存在は大きいと考えられる。伊丹市が「近畿バルサミット」を開催することで、これからバルイベントを実施しようとする地域の団体に対して、成功モデルとしての「伊丹まちなかバル」の実際の姿を見せる機会を提供するとともに、各地域での取組みにおける課題やそれらの対応策を共有する場が創出され、近畿地方でバルイベントが波及していくことを促進したものと考えられる。

また、本章ではバルイベントの事務局は前節で記したように調整や実行に係る多様な役目を担っており、それを機能として捉えたが、いかなる組織が事務局になっているかをみたところ、滋賀県、兵庫県、奈良県の３県と大阪府とでは様相が異なっていた。滋賀県、兵庫県、奈良県の３県では商工会議所やまちづくり会社が事務局を担っている場合が多いのに対して、大阪府では別の本業のある企業や飲食店主あるいは非営利団体が事務局を担っていた。大阪市およびその周辺市は、人口も多く、商店街等も多数存在している。商工会議所あるいは商工会は必ずしもバルイベントだけに注力できる状況にない。

また、バルイベントそのものではなくバルイベントの開催を通じて地域の良さを地域内外にPRする社会的企業家的な企業や人が存在しており、それぞれの地域に商工会議所やまちづくり会社の機能を果たせる組織や人材が存在し、機能しているものと推察される。

伊丹市で「伊丹まちなかバル」を仕掛け、「近畿バルサミット」を設置した伊丹市役所の綾野昌幸氏のインタビュー記事でバルイベントに関する部分を引用する。「こっちはスペイン語もわからんのに、気さくに話しかけてくれるんです。知らない者同士でも自然に言葉を交わす、それは伊丹の街バルも同じです。相席になって見知らぬ同士に会話が生まれる。そこが面白いんですよ。関西で街バルがヒットしたのはスペイン人に近い気質があるからじゃないかと言い続けてきたんですけど、説得力がなかった。でも、これからは自信をもって言えます」(更田、2014)。

バルイベントは函館市が発祥の地であるが、2009年に伊丹市で開催された「伊丹まちなかバル」は、最初は「函館西部バル街」の模倣であったかもしれないものの、回を重ねる中で近畿地方の地域色を加味した独自のバルイベントとして成立し、成功したものと思われる。その成功を模倣し、近畿地方の多くの地域でバルイベントが多く行われるようになった。それらのバルイベントは地域の実情に応じた担い手が出現し、それぞれの地域のバルイベントが継続開催されてきていると考えられる。

なお、本書では、次章以降にコロナ禍での対応について、伊丹市はもとより大阪市福島区や大阪府門真市、兵庫県三田市での迅速な対応について詳細を記していく。いずれもが、商工会議所やまちづくり会社が事務局を担っているのではなく、別の本業をもつ企業、飲食店主、ボランティアが事務局を担っている地域である。このことについては、最終章で総括することとしたい。

参考文献

石原　肇　2017:「滋賀県におけるバルイベントの地域的特性」『日本都市学会年報』, 第50巻, pp.241-250.

石原　肇　2019a：「中心市街地活性化基本計画の設定区域とバルイベントの実施範囲との比較－兵庫県を事例として－」『大阪産業大学人間環境論集』，第18号，pp.1-29.
石原　肇　2019b：「近畿圏3地域における地産地消をコンセプトとしたバルイベントの比較」『地域活性研究』，第10巻，pp.41-50.
石原　肇　2019c：「東大阪市内3地域におけるバルイベントの運営方法の地域的特性」『大阪産業大学論集　人文・社会科学編』，第37号，pp.85-106.
石原　肇　2019d：「地域ブランディングのツールとしてのバルイベント－大阪市中央区「北船場（バ）ル」を事例に－」『地域活性学会研究大会論文集』，第11号，pp.139-242.
石原　肇　2020a：「バルイベントの継続開催とそれに伴う他の地域活性化事業への展開－大阪市福島区の事例－」『大阪産業大学論集人文・社会科学編』，第39号，pp.71-101.
石原　肇　2020b：「再生古民家活用飲食店集積地域における回遊型イベントの展開過程－大阪市城東区「がもよん」を事例として－」『大阪産業大学論集人文・社会科学編』，第40号，pp.73-93.
更田沙良　2014：「人の魅力を街の魅力に　綾野昌幸さん」『ALPS』，第119巻，pp.64-67.

第3章

コロナ禍への緊急対応

1. はじめに

2000年に入りコロナ禍により伊丹市では5月に開催される予定であった「伊丹まちなかバル」の中止を余儀なくされた。従前より中心市街地の活性化が課題であったところであり、飲食店が身動き取れない状況になることを見越し、いち早く対応を図っている。そこで本章では、2020年に伊丹市で取られた対応策を見ていくこととしたい。

本章に関連する報告として、山田(2020)は、緊急時の予算編成と首長の役割を論じ、地方公共団体の補正予算編成のスケジュールは国の補正予算編成のスケジュールに左右されてしまうこと、新型インフルエンザ等対策特別措置法の地方の権限を拡大すること、財源となる地方交付税の改善等について指摘している。また、泉山他(2020)が「コロナ道路占用許可」における路上客席の可能性と課題として、路上客席の緊急措置に関する速報的考察を行っている。

2. 「伊丹テイクアウト&デリバリープロジェクト」

伊丹市では、2020年5月1日から「伊丹テイクアウト&デリバリープロジェクト」を開始した。その仕組みを図3-1に示す。利用者が注文システムに注文をすると、注文システムから飲食店に注文が、デリバリー事業者に受注の連絡が入る。飲食店はデリバリー事業者に集配と利用者への宅配を委ねる。

デリバリー事業者の集配および宅配の経費を2020年5月・6月に伊丹市が助成を行った。利用者は不要・不急の外出を控えるようにとの要請に応え、

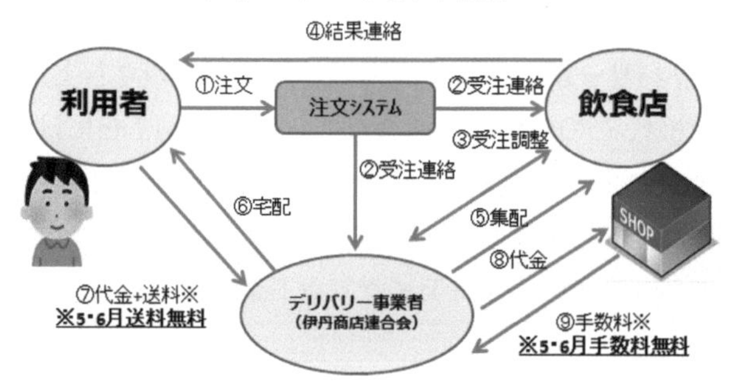

図3-1　デリバリー事業の流れ

資料：伊丹市提供資料より引用

表3-1 「伊丹テイクアウト＆デリバリープロジェクト」開始までの経過（2020年）

月　日	事　柄
3月10日	「伊丹版Uber Eats」を発案
3月23日	庁内で施策として決定 （市議会予算委員会の最終日）
4月　1日	伊丹市は、伊丹まち未来㈱（まちづくり会社）にテイクアウト、デリバリーができる店を集約したサイト立ち上げを依頼
4月17日	伊丹まちまち未来㈱がサイト公開
5月　1日	伊丹市独自のデリバリー開始 新型コロナウイルス感染症対応地方創生臨時交付金を活用、令和２年度補正予算（専決）

資料：伊丹市へのヒアリングに基づき作成

配達費用を負担せずに家にいながら飲食店での味を楽しめる。利用者の利用が増えることで、飲食店は店内での営業を休止している中、テイクアウトというチャンネルだけでなく、配達費用を伊丹市が負担したことでデリバリーというチャンネルでも料理を提供しやすくなったと考えられる。

事業実施までの経過を表 3-1 に示す。緊急事態宣言が発出される以前の 2020 年 3 月 10 日に所管部局である都市活力部で発案され、3 月 23 日に庁内で施策として決定している。同日は市議会の予算委員会の最終日であり、実務的に 2020（令和 2）年度予算に計上することは不可能である。新年度となった4月1日には、伊丹市は、まちづくり会社である伊丹まち未来㈱にテイクアウトやデリバリーができる店を集約したサイトの立ち上げを依頼する。伊丹まち未来㈱は、この依頼に迅速な対応をし、4 月 17 日にはサイトを公開する。伊丹市は、本件に係る補正予算を市議会で臨時会を開くことなく、新型コロナウイルス感染症対応地方創生臨時交付金を活用し、令和 2 年度補正予算（専決）で 5 月 1 日から「伊丹テイクアウト＆デリバリープロジェクト」を開始するに至る。

3. 「ナイト照らす。（テラス）」＋「伊丹まちなかテラス」

伊丹市のサンロード商店街では道路占用により 2020 年 7 月 17 日から「ナイト照らす。（テラス）」を定期的に開催している（図 3-2）。サンロード商店街が位置する市道は、昼間は歩行者専用となっているが、夜間（20 ～ 10 時）は自動車も通れる（写真 3-1）。2020 年 6 月に佐賀県で行われたテラスの社会実験を見てきた飲食店主が実施に向け商店街で合意形成し、伊丹市都市活力部に働きかける。テラスを実施するとなると、道路占用の許可が必要となる。都市活力部は速

写真 3-1　サンロード商店街のある市道

資料：筆者撮影（2020 年 8 月 28 日）

図 3-2　「ナイト照らす。」のチラシ

資料：伊丹市提供資料より引用

やかに道路管理者である同市都市交通部と調整する。また、交通管理者である警察との協議も必要となるため、最初は商店街だけでなく、伊丹市も同行したとのことである。7月17日から「ナイト照らす。」の実施が実現している（写真3-2）。

「ナイト照らす。」の状況を見た「酒蔵通り協議会」が同年10月から「伊丹まちなかテラス」として実施している。JR伊丹駅から三軒寺前広場まで点々とテラスが出現している（写真3-3、図3-3）。

写真３-2 「ナイト照らす。」の様子

資料：筆者撮影（2020年8月28日）

写真3-3 「伊丹まちなかテラス」の様子

資料：筆者撮影（2020年10月10日）

図3-3 位置図

資料：伊丹まちなかバルマップに筆者が付記

4.「伊丹郷町屋台村」

秋の「伊丹まちなかバル」の開催予定日であった2020年10月17・18日には、中心市街地区域の中央に位置する三軒寺前広場を活用し（図3-3）、例年夏と冬に開催している「伊丹郷町屋台村」を実施した。

14軒の飲食店が参加しており、パンフレットの表紙には、「私達はこれからも地域活性化の為に頑張っていきます」と書かれており、その下には新型コロナウイルス感染防止対策実施も明記している（図3-4）。

「伊丹郷町屋台村」の会場では参加飲食店のブースが横並びで設置されていた。筆者が現地調査した2020年10月17日は雨模様で、参加飲食店の前に行列ができるほどではなかった（写真3-4）。参加者は、参加飲食店のブースで好きな食べ物や飲み物を購入し、飲食する席は参加飲食店のブースに挟まれ

図3-4 「伊丹郷町屋台村」のパンフ

資料：伊丹郷町屋台村実行委員会（2020）より引用

る形で設置されている（写真3-5）。屋外で実施されるイベントであることから飲食する席はテントの下に設置されており、雨天時でも飲食が可能となっている。また、密閉は十分に回避されているものと考えられる。なお、2021年11月にも「伊丹郷町屋台村」開催され、その際に詳細な調査を行っており、それについては次章で詳述する。

写真3-4　「伊丹郷町屋台村」の販売ブース
資料：筆者撮影（2020年10月17日）

写真3-5　「伊丹郷町屋台村」の飲食席
資料：筆者撮影（2020年10月17日）

5. まとめ

本章では、2020年のコロナ禍での伊丹市における飲食店支援策の実施状況について見てきた。伊丹市において迅速な支援策が実施可能となった背景として以下の3点が考えられる。

1点目は、これまでの「伊丹まちなかバル」をはじめとした各種イベント実施を通じての中心市街地活性化協議会構成員の連携の良さである。2点目は、飲食店主のやる気である。3点目は、伊丹市役所内での意識の高さや風通しの良さである

今後の課題として、第1に伊丹市の今後に向けた空間を活用した戦略をフォローしていく必要があり、第2に伊丹市のようなコロナ禍においても自律的に俊敏に再興を目指し動き出せる地域の特性の把握が必要である。

参考文献

山田啓二　2020：「緊急時の予算編成と首長の役割」『ガバナンス』，第234号，pp.14-16.

泉山塁威・西田　司・石田祐也・宋　俊煥・矢野拓洋・濱紗友莉・小原拓磨　2020：「コロナ道路占用許可」における路上客席の可能性と課題―新型コロナウイルス感染症に伴う路上客席の緊急措置に関する速報的考察―」『都市計画報告集』，第19号，pp.284-289.

第4章

伊丹郷町屋台村による
飲食店と参加者の支え合い

1. はじめに

伊丹市で2020年に続き2021年に道路等の公共空間を活用し密閉を回避する「伊丹郷町屋台村」が同年11月に開催されるとの情報を得た。

泉山（2020）は、2020年に入り、都市再生特別措置法の改正をふまえ、官民連携のまちづくりは新たな時代が到来したとし、ウォーカブル（居心地よく歩きたくなるまちなか）が推進されていることを報告している。また、コロナのパンデミックにより、感染症対策のほか、在宅勤務や非接触端末などのテクノロジーの発展的導入など、ライフスタイルの変化や都市のあり方が模索されてきているとも指摘している。コロナ禍における商店街の状況に関するアンケート調査が兵庫県神戸市（長坂・新、2021）や山形県酒田市（渡辺・水谷、2021）で見られる。しかし、コロナ禍における飲食を楽しめる屋外空間をどのように創出するかといった視点に着目した報告は見当らない。

そこで、本章では、2021年に開催された伊丹市の「伊丹郷町屋台村」を題材として、コロナ時代における飲食を楽しめる屋外空間の創出について、その取組みの成果と今後の課題について明らかにする。

このため、まず、伊丹市役所に、道路等の公共空間を活用した方策の構築プロセス等についてヒアリング調査を行う。つぎに、路上空間を活用した「伊丹郷町屋台村」に参画する飲食店と参加者へのアンケート調査を実施する。くわえて伊丹郷町屋台村実行委員長に運営に関してヒアリング調査を行う。さらに、上記のアンケート調査等の結果を伊丹市役所に提示し、今後の公共空間を活用した方策の方向性についてヒアリング調査を行う。

2. 経過と概要

2021年4月25日から発出されていた第3回の緊急事態宣言が2021年9月30日に解除された。伊丹市在住者の新型コロナウイルスの感染者数の推移は図4-1に示したとおりである。

2021年10月8日に伊丹市から11月6日㈯・7日㈰の2日間、「伊丹郷町屋台村」が開催されるとの情報を得た。伊丹郷町屋台村実行委員会の江本和慶実行委員長に連絡を取り、本研究の趣旨を説明し、三軒寺前広場（図3-3）を活用する「伊丹郷町屋台村」（図4-2）に参画する飲食店と参加者へのアンケート調査実施の協力を依頼し、了承された。

以下に「伊丹郷町屋台村」の概要を示す。

開催日時：2021年11月6日㈯・7日㈰11時～20時30分

開催場所：三軒寺前広場（写真4-1、写真4-2）

実施主体：伊丹郷町屋台村実行委員会

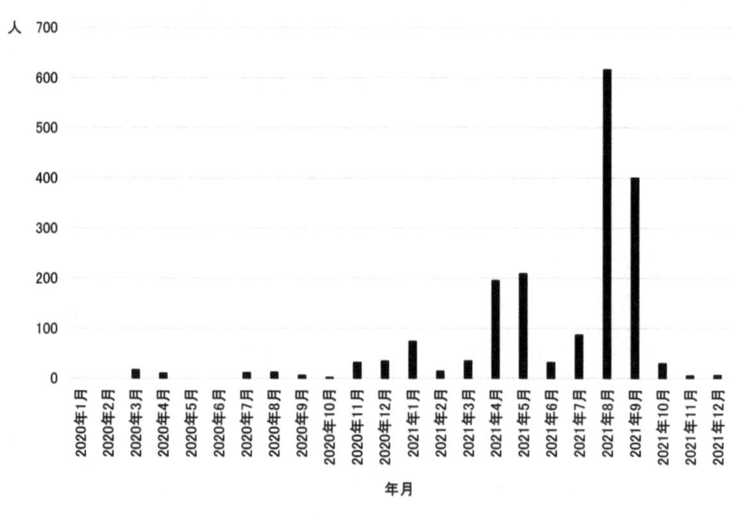

図4-1　伊丹市在住の感染者数の推移

資料：兵庫県（2022）より伊丹市在住者を抽出し作成
https://web.pref.hyogo.lg.jp/kk03/corona_hasseijyokyo2.html
（最終閲覧日：2022年6月12日）

図4-2　伊丹郷町屋台村チラシ

資料：伊丹郷町屋台村実行委員会（2021）より引用

参加飲食店数：11店（図4-2）

座席数：300席（写真4-3、写真4-4）

来客数：8,000人～10,000人（計測はしておらず推定：実行委員長談）

実行委員会本部のコロナ対策：

　参加者の空席時に消毒液を用いてテーブルの吹き掃除

　コロナ対策の呼びかけ：①必ずご自身で検温を実施しての来場

　　　　　　　　　　　　②感染症対策グッズのご持参

　　　　　　　　　　　　③ご飲食時以外でのマスクの着用

　　　　　　　　　　　　④こまめな手指の消毒

なお、天候についてみると、日本気象協会（2021）による神戸の観測データによれば、11月6日は晴のち曇で最高気温19.1度、最低気温12.6度、11月

写真4-1　伊丹郷町屋台村実行委員会本部の様子

資料：筆者撮影（2021年11月7日）

写真4-2　三軒寺前広場で同時開催された音楽イベントの様子

資料：筆者撮影（2021年11月7日）

写真4-3　伊丹郷町屋台村の日中の様子

資料：筆者撮影（2021年11月6日）

写真4-4　伊丹郷町屋台村の夜間の様子

資料：筆者撮影（2021年11月6日）

7日は晴、最高気温22.8度、最低気温15.7度であった。

参加者へのアンケート調査は以下のとおりである。開催日の2021年11月6日㈯・7日㈰の両日、11時〜20時30分まで終日、対面による調査票調査を実施した。質問は以下のとおりとした。

1 お住まいの都道府県・市町村をお答えください（記述式）

2 年齢をお答えください（選択式）

3 性別をお答えください（選択式）

4 来た時間をお答えください（選択式）

5 何人で来られましたか？（選択式）

6 伊丹郷町屋台村への参加は何回目でしょうか？（選択式）

7 伊丹郷町屋台村の開催を何で知りましたか？（選択式）

8 伊丹郷町屋台村のような屋外での飲食関係イベントに参加してどのように感じますか？（選択式）

9 伊丹郷町屋台村のような屋外での飲食関係イベントについてコロナ対策の安全性を感じますか？（選択式）

10 屋外での飲食関係イベントの頻度についてどのように思いますか？（選択式）

11 屋外での飲食関係イベントは他の伊丹市以外の地域でも実施されることを望みますか？（選択式）

12 屋外での飲食関係イベントで重要と考える要素について○を付けてください（選択式複数回答可）

13 伊丹市内で開催される他の飲食関係イベントに参加したことがあればご教示ください（記述式）

14 伊丹郷町屋台村に関するご意見をお聞かせください（記述式）

飲食店へのアンケート調査は、開催前日の2021年11月5日㈮14時から、実行委員長の計らいで全飲食店にアンケート調査の趣旨説明と協力依頼をした。開催後に、実行委員長経由で参画する飲食店への調査票調査を依頼した。店名、店主の年齢・性別、伊丹郷町屋台村への参加状況を訊いた上で、参加者と同様に選択式で、伊丹郷町屋台村に参加してどのように感じたか、伊丹郷町屋台村のような屋外での飲食関係イベントについてコロナ対策の安全性をどのように感じたか、屋外での飲食関係イベントの頻度、屋外での飲食関係イベントで重要と考える要素（複数回答可）について訊ねた。また、伊丹郷町屋台村に参加してどのように感じたかについては記述式で回答を求めた。

くわえて、実行委員長に運営上の課題について、開催後に質問をするとともに「伊丹郷町屋台村」実施に際して協力関係にあるボランティアや商店街組合等の団体の照会をしている。

これらの調査結果から、コロナ禍における市民が屋外で飲食を楽しむ空間を飲食店等がどのように確保してきたかを把握する。

3. 伊丹市役所へのヒアリング

(1) 調査前

2021 年 6 月 29 日に、伊丹市で中心市街地活性化策を推進してきている伊丹市教育委員会の綾野昌幸生涯学習部長を訪問し、本研究の趣旨を説明するとともに、研究を進める上で協力いただくことについて了解を得た。本年度に開催される見込みの地域活性化イベントの動向を伺ったが、この時点では第 3 回の緊急事態宣言が発出中であり、具体的な動きはまだなく、動きがある際に情報提供をいただくこととなった。なお、この際に本研究で取り上げる「伊丹郷町屋台村」などの地域活性化イベントが行われる伊丹市が管理する道路である「三軒寺前広場」の占用許可の手続きに関して伺った。伊丹市役所では、都市活力部産業振興室まちなかにぎわい課において「三軒寺前広場」を利用する地域活性化イベントに関するノートが置いてあり、個々の地域活性化イベントを所管する担当課がそれに記載することで調整を行っており、過去に開催実績がある場合は、比較的円滑に道路占用の許可が下りるとのことであった。

⑵ 調査後

2022年3月23日に、伊丹市役所を訪問し、伊丹市教育委員会の綾野昌幸生涯学習部長に調査結果の概要を報告した。また、同市都市活力部産業振興室まちなかにぎわい課の水野和珠氏に調査結果を報告するとともに、同市の今後の方向性についての見解を伺った。伊丹市では内閣官房に『第3期伊丹市中心市街地活性化基本計画』の認定申請をしており、同計画では「ほこみち（歩行者利便増進道路）」制度等の活用検討を進める等の記載がされているとのことであった。

4. 参加者へのアンケート調査の結果

⑴ アンケート調査の概略

開催日の2021年11月6日㈯・7日㈰の両日、11時～20時30分まで終日、対面による調査票調査を実施した。11月6日は171名、7日は207名、合計378名であった。なお、実行委員会では参加者数を計測していないが、実行委員長の談による8,000人～10,000人という人数の10,000人と仮定した場合、母集団特性値の推定を誤る確率を5％とした場合の必要とする標本数は370名と考えられることから、378名はこれを満たしている。

① 単純集計結果

以下に、378名からの回答の単純集計を図4-3～図4-15に示す。まず、回答者の属性についてみる。住所は、記入の無いものを除いてみると、兵庫県が309名と圧倒的に多く（図4-3）、そのうち市町村の記入のあったものでは伊丹市が268名となっている（図4-4）。ただし、兵庫県の伊丹市の近隣市や大阪府内からも一定程度来場している。年齢は40代が最も多くなっており、それを中心に各年代が参加している（図4-5）。性別は男性よりも女性の回答者が多かった（図4-6）。参加者の来場時間は、昼頃と夕方以降に多い傾向がみられる（図4-7）。参加者が何人で来たかは「2人」が最も多く、複数人が多い傾向にあり、「1人」は少ない（図4-8）。参加回数は「初めて」の参加者が129

名と比較的多いが、それ以外はリピーターであり、5回目以上の「その他」が107名と多い（図4-9）。開催を知ったのは「知人から」が95名と最も多く、ついで「チラシ」で、「通りすがり」という回答も多い（図4-10）。

つぎに、参加者の意識についてである。屋外での飲食イベントの印象は、「良い」が259名、「比較的良い」が88名であり、これらを合わせると約91.8%の参加者から好意的に受け止められている（図4-11）。コロナ対策の安全性については、「普通」が130名と最も多かった（図4-12）。屋外イベントの頻度については、「増やすべき」が105名、「どちらかといえば増やすべき」が

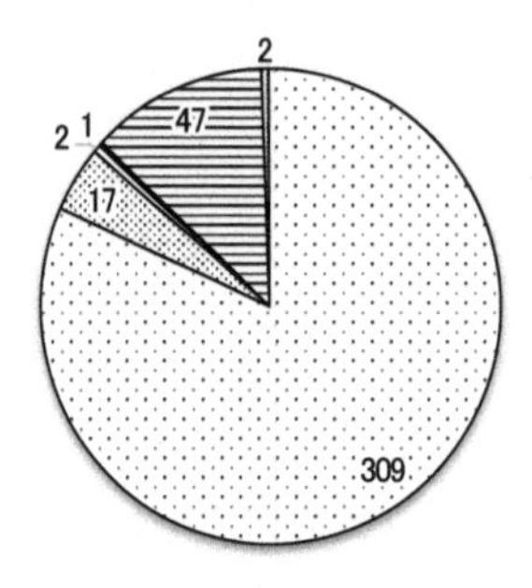

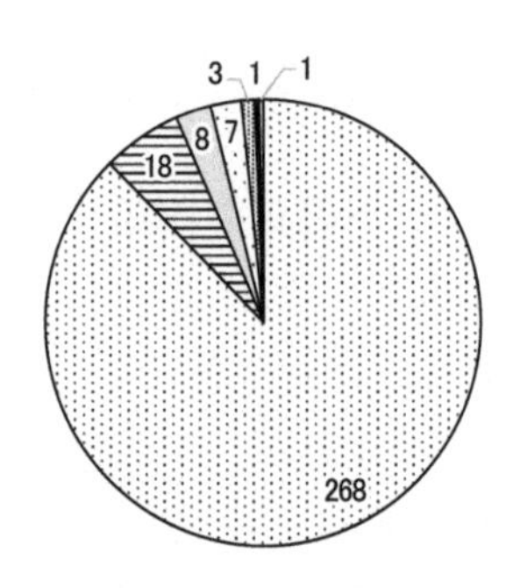

図4-3　回答者の居住する都道府県　　図4-4　兵庫県の回答で市の記載のあった数

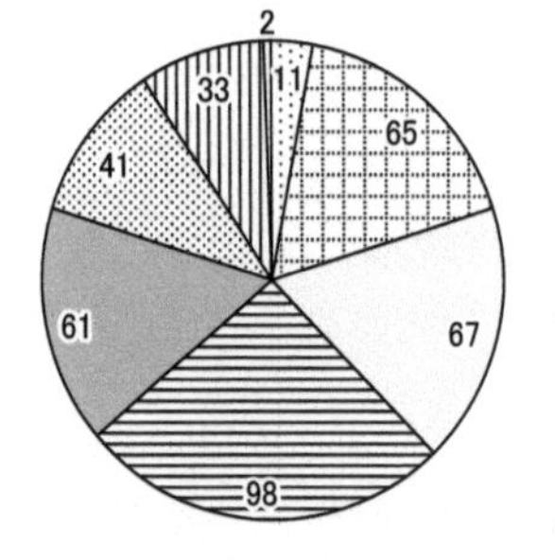

図4-5　回答者の年齢

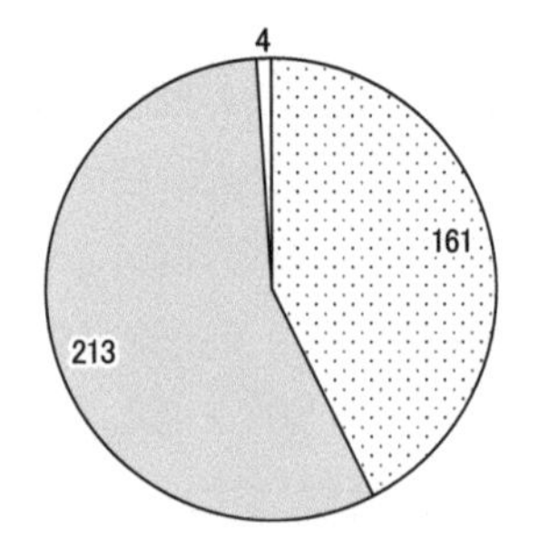

図4-6　回答者の性別

128 名と合計で過半となるが、「現状維持」の回答が 142 名で見られた（図 4-13）。伊丹市以外での屋外イベント実施の要望については、「望む」が 160 名、「どちらかといえば望む」が 108 名となっている（図 4-14）。屋外での飲食関係イベントで重要と考える要素については、「美味しい食べ物」「美味しい飲物」「清潔感」「安全性」「快適性」の順となった（図 4-15）。

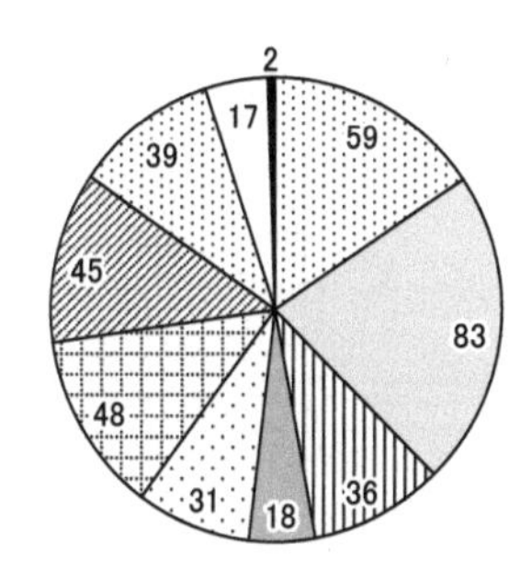

図4-7　回答者が来訪した時間

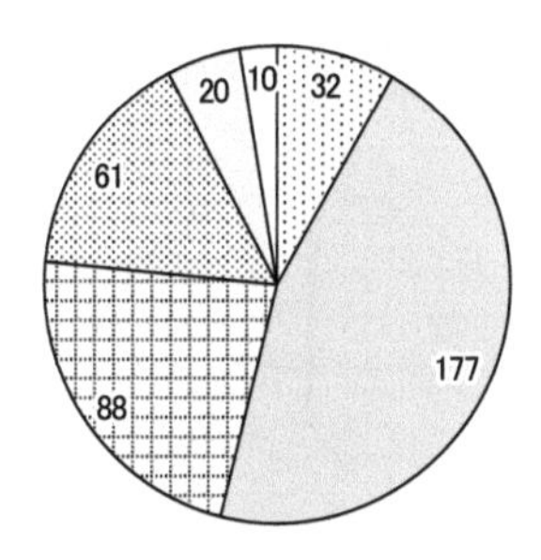

図4-8　回答者が来訪した際の人数

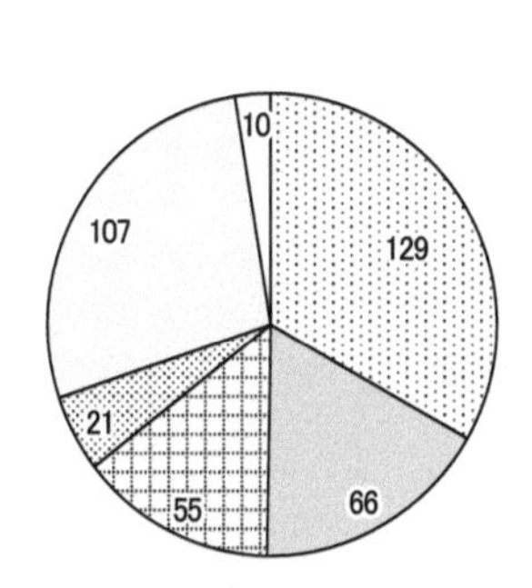

図4-9　回答者のこれまでの参加回数

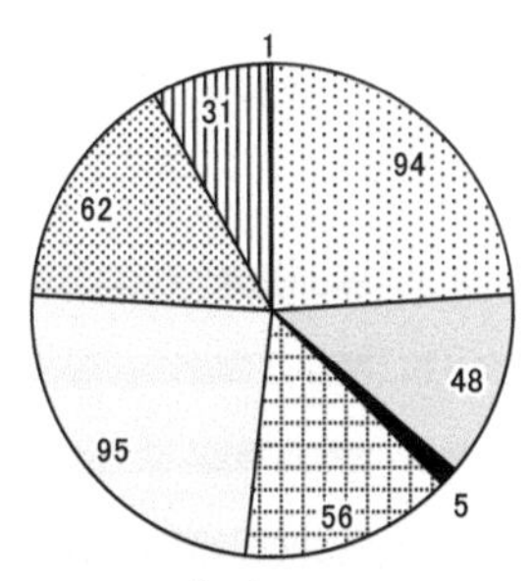

図4-10　回答者が今回の開催を何で知ったか

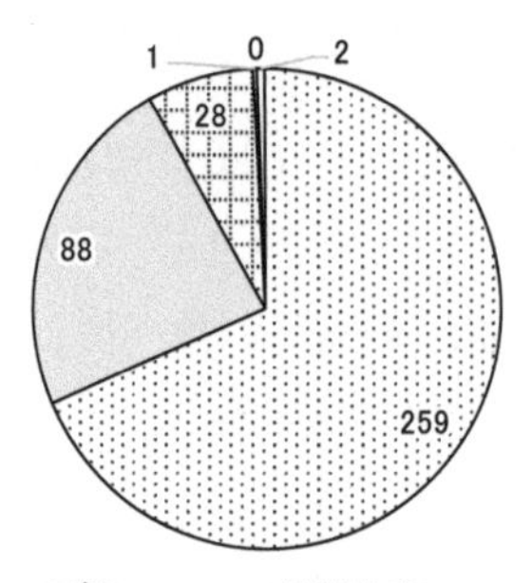

図4-11　屋外での飲食イベントに対する印象

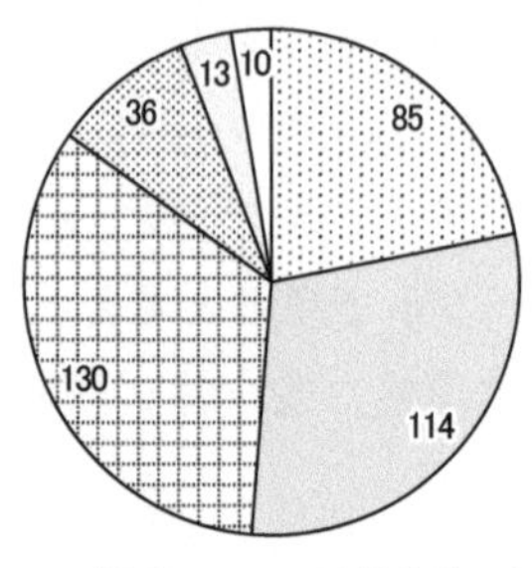

図4-12　コロナ対策についての安全性の印象

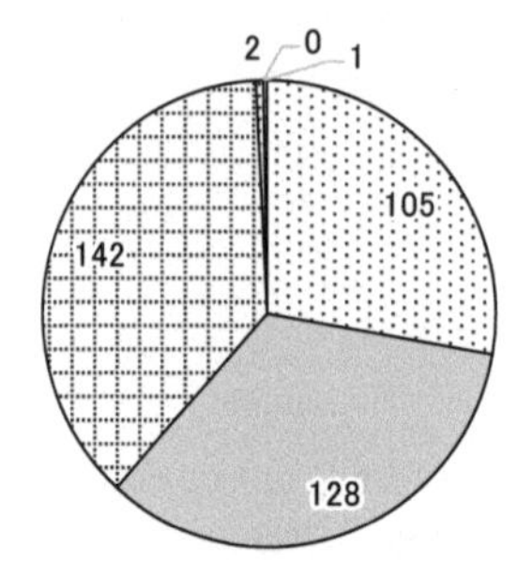

図4-13　屋外での飲食イベントの開催頻度

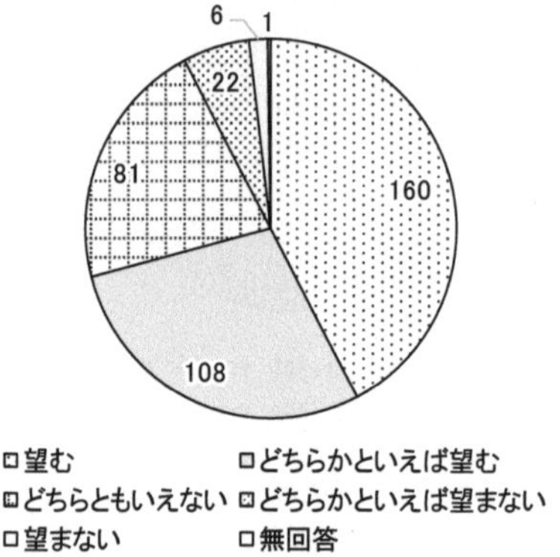

6
1
22
81
160
108

望む　どちらかといえば望む
どちらともいえない　どちらかといえば望まない
望まない　無回答

図4-14　伊丹市以外の屋外での飲食イベント実施の要望

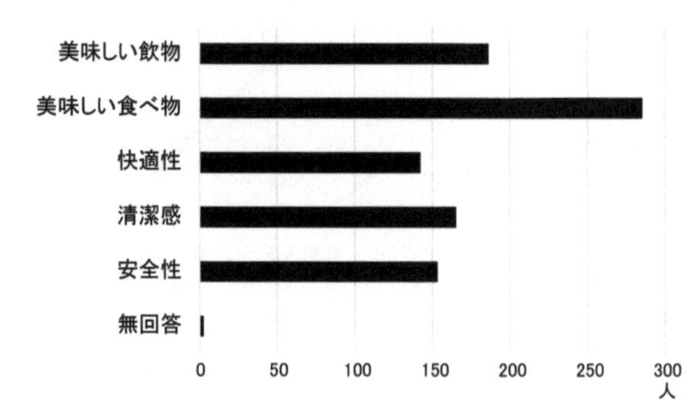

図4-15　屋外での飲食イベントで重要と考える要素（複数回答可）

②　クロス集計結果
―伊丹市以外での屋外飲食イベント実施の要望について―

調査票では「屋外での飲食関係イベントは他の伊丹市以外の地域でも実施されることを望みますか？」という設問とした。回答は選択式で、「1　望む」「2　どちらかといえば望む」「3　どちらともいえない」「4　どちらかといえば望まない」「5　望まない」とした。

年齢別にみると、図4-16で示すように20歳未満と40代、70歳以上を除くと、いずれの年代も「1　望む」や「2　どちらかといえば望む」の合計の割合が、70%以上を示している。なお、40代は69.4%と70%に近い。男女別にみると、図4-17に示すとおり、男性が女性に比べ、「1　望む」や「2　どちらかといえば望む」がやや大きい割合を示した。地域別にみると、図4-18に示すとおり、他地域では「1　望む」「2　どちらかといえば望む」「3　どちら

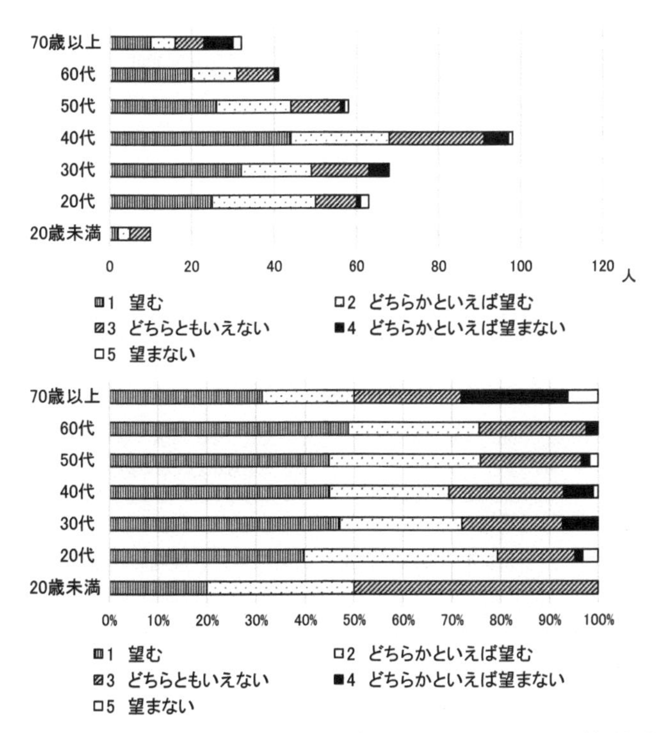

図4-16　伊丹市以外の地域での屋外飲食イベント実施の要望（年齢別）

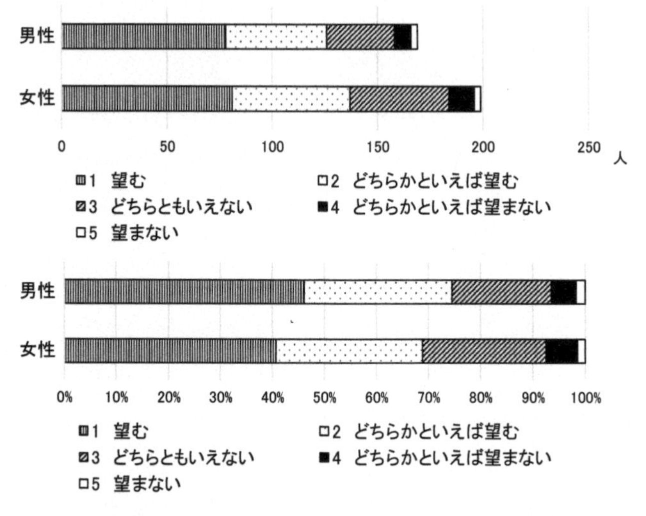

図4-17　伊丹市以外の地域での屋外飲食イベント実施の要望（男女別）

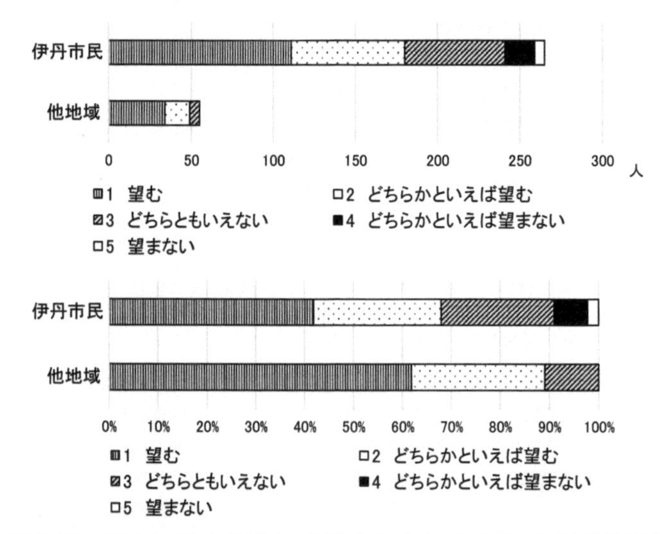

図4-18　伊丹市以外の地域での屋外飲食イベント実施の要望（地域別）

ともいえない」のいずれかであり、「4　どちらかといえば望まない」「5　望まない」の回答者はいない。一方、伊丹市民では「4　どちらかといえば望まない」「5　望まない」の回答がみられる。

③　記述回答結果

伊丹市内で開催される他の飲食関係イベントへの参加経験の質問については記述式とした。記述がある場合、複数のイベントが書かれている場合がある。以下に参加者の住所により分けて記載する。

「伊丹市内在住者」で最も多いのは「伊丹まちなかバル」で66名であった。ついで、「イタミ朝マルシェ」が35名、「伊丹クリスマスマーケット」が10名となっていた。これらのいずれもが、伊丹市のまちづくり会社である伊丹まち未来㈱が事務局となり三軒寺前広場で開催されるイベントである。

つぎに、「伊丹市以外在住者」で最も多いのは「伊丹まちなかバル」で11名であった。ついで、「イタミ朝マルシェ」が2名となっていた。

つぎに、「住所未記入者」で最も多いのは「伊丹まちなかバル」で12名であった。ついで、「イタミ朝マルシェ」が7名、「伊丹クリスマスマーケット」が2名となっていた。

このように、参加者アンケートでの回答をみると、伊丹郷町屋台村への参加のみならず、三軒寺前広場で開催されるイベントに参加した経験があることが窺える。

つぎに、伊丹郷町屋台村に関する意見について見よう。まず、「伊丹市内在住者」である。「ありがとうございます」など屋台村開催に対する感謝を示す記述が8名でみられた。屋台村を評価するものとして「楽しい」などの記述が31名、「良い」などの記述が12名、「嬉しい」の記述が2名、「好き」の記述が2名であった。また、屋外での開催を評価する記述が4名、提供される飲食物を評価する記述が4名であった。

今後への期待に関するものとして、「継続して開催してほしい」等の記述が15名でみられ、「盛り上げてほしい」等が7名、「がんばってほしい」等が3名でみられる一方、「現状維持」等の記述が3名でみられた。また、参加店舗数について「増やしてほしい」等の記述が8名でみられた。設備については、「席数が多くて良い」等の記述が6名でみられた。また、「仮設トイレが欲しい」といったトイレの要望の記述が4名でみられた。運営に関しては、「子ども向けのお店があると良い」といった記述が6名でみられ、「スイーツがあったら嬉しい」といったお酒を飲めない人向けの意見が2名からあった。また、「もう少しコスパが良かったらいい」といった価格に対しての記述が5名からなされた。

このように「伊丹市内在住者」の意見は概ね良好なものがほとんどであり、設備や運営に関する建設的な意見が出されている。なお、「伊丹市以外在住者」および「住所不明者」の記述について見ても、「伊丹市内在住者」の意見と同様の傾向で、概ね良好なものがほとんどであり、意見があるとすれば設備や運営に関する建設的なものであった。

5. 参加飲食店へのアンケート調査の結果

開催日後に実行委員長を通じて参加飲食店11店に調査票を配布し、8店より回答を得た。

回答者の年齢は20代1名、30代2名、40代4名、50代1名で、性別は男性7名、女性1名で、これまでの伊丹郷町屋台村への参加状況は初参加が1名で、7名はこれまでの参加経験があった。「伊丹郷町屋台村のような屋外での飲食関係イベント実施に参加してどのように感じますか？」との問いには、「良かった」が7名、「比較的良かった」が1名で、「普通」「あまり良くなかった」「良くなかった」の回答は0名であった。「伊丹郷町屋台村のような屋外での飲食関係イベント実施についてコロナ対策の安全性を感じますか？」との問いには、「感じる」が1名、「比較的感じる」が3名、「どちらともいえない」が3名、「あまり感じない」が1名で、「感じない」は0名であった。「屋外での飲食関係イベントの頻度についてどのように思いますか？」との問いには、「増やすべき」が5名、「どちらかといえば増やすべき」が1名、「現状で良い」が2名で、「どちらかといえば減らすべき」「減らすべき」の回答は0名であった。屋外での飲食関係イベントで重要と考える要素についての選択率は、「美味しい飲物」が75.0%、「美味しい食べ物」が87.5%、「快適性」が62.5%、「清潔感」が37.5%、「安全性」が37.5%となっていた。

伊丹郷町屋台村への意見は以下のとおりであった。

・毎回屋台村の時に同じお客さんを何人も見かけるので、根付いていると思います。
・初出店させて頂き、屋台村の後伊丹の飲食店の絆を凄く感じることができました。今後とも伊丹の飲食店をもっと盛り上げたいと思います。
・天候に左右されるイベントなので、今回は気温や天気などが良く良かったです。
・街の活気を戻すためにも今後も続けてほしい。
・良くも悪くも面白いイベントで、毎回自分達も成長させてもらえるイベントだと思う。
・とても良いと思う。
・回答なし　2名

6. 実行委員長へのヒアリング調査の結果

実行委員長に、コロナ禍での伊丹郷町屋台村実施の発案者、三軒寺前広場の利用、実施に際しての安全面の配慮、今後について等について確認した。

① 発案者について

発案者は、実行委員長ともう1名である。2021年は、8月末に当初は開催予定だったが、緊急事態宣言の発表を受けて、早々に延期を決断した。その後、緊急事態宣言解除を受けてすぐに準備に取り掛かり、約1か月の準備期間で開催した。

② 三軒寺前広場の利用について

三軒寺前広場の利用にあたり、道路占用の手続きがなされた。伊丹市に申請したのは10月上旬、警察への道路使用許可は開催から2週間前までに申請を終わらせる必要があるので、それ以前に申請を終わらせた。

③ 実施に際して安全面での苦労について

保健所に関しては、昨年も本年もコロナ対策に対しては一切何も言われず、それよりも食中毒（O-157など）には注意してほしいと言われた。コロナ対策に関しては、野外イベントということがあるのと昨年も屋台村での感染者数は０人ということがあるので、マスク、消毒、ガイドラインなどの必要最低限の対策のみであった。

④　実施に際して実行委員会を取りまとめる点での苦労について

LINE グループで屋台村の開催についてアナウンスしてきたので、参加店舗の募集は比較的簡単であったが、昨年参加した店舗がほとんどで、昨年と違う店舗が１店舗だったのが残念である。来年以降はもう少し増やしたい。

⑤　今後について

今回の屋台村のコンセプトとして、「外食が楽しい」と改めて感じてもらおうであった。開催当日のみではなく、参加店舗のみでもなく、外で食べることの楽しさが広がって伊丹の飲食店の底上げになれば良いと思っている。この先がどうなるのかまだ分からないが、それよりも今できることを頑張り、逆境に強い店舗が増えればそれが伊丹の飲食店の明るい未来になるのではないかと思っている。

⑥　本部スタッフについて

本部はボランティアスタッフ（屋台村サポーター）で運営している。今回は９人であった。今回の参加者全員が既に何度も屋台村を経験している方達なので、ゴミやテーブルの片付けは店舗よりも速やかに動いてくれる。

⑦　音楽イベント等との調整について

実行委員長が対応している。

⑧　商店街振興会について

プレミアム商品券は今年限りである。今回屋台村とたまたま日程が重なり開催日に販売ということになった。

7.　まとめ

伊丹市へのヒアリング結果から、従前から道路である三軒寺前広場を中心市街地活性化のためのイベントで活用してきており、コロナ禍においても同様に活用し、イベントの実施主体が迅速に取り組めるような工夫がされていた。今後もより一層活用していくことを検討していく方向であることが把握できた。

「伊丹郷町屋台村」は、同実行委員会の委員長をはじめ参加店が、コロナ禍から地域が復興していくための先行した取組みと認識し、参加者に楽しんでもらおうという気概をもって臨んでいた。

「伊丹郷町屋台村」への参加者の多くが、コロナ禍での開催を好意的に捉え、実際にその憩える空間を楽しんでいた。このような空間を伊丹市民は享受し、伊丹市以外からの来訪者は、他の地域でも同様のイベントの開催を望む傾向にあるといえよう。

伊丹市はコロナ禍以前から道路である三軒寺前広場を中心市街地活性化のためのイベントの開催場所として活用してきた。この蓄積があることが、コロナ禍においても実行委員会が感染者数の推移や緊急事態宣言の発出・解除といった状況を見据えながら「伊丹郷町屋台村」の開催を決定してから迅速に実施に至ったことに寄与しており、飲食を楽しめる屋外空間を創出し参加者に提供することができた。また、「伊丹郷町屋台村」が盛会であったのは伊丹市や実行委員会のみならず、その開催を楽しみに待ち、参加し、楽しみを享受している多くの参加者もあって成立している。三者による支え合いのように捉えられる。

このことは、伊丹市というコロナ禍以前の様々な地域活性化イベントの実績がある地域であるから実現できるようにみえる。しかし、このような空間を活用する意思が道路管理者や事業実施者にあり、充実したコンテンツが提供されれば、他の地域においても飲食を楽しめる屋外空間を創出することは可能ではないだろうか。

2022年3月23日の伊丹市役所へのヒアリングの翌日に『第3期伊丹市中心市街地活性化基本計画』が認定され、「「ほこみち（歩行者利便増進道路）」制度等の活用検討を進める等、ウォーカブルな公共空間の創出を図り、にぎわいに繋げる。」と記載された。今後は飲食を楽しめる屋外空間が常態化することも考えられる。

参考文献

泉山塁威　2020：「ウォーカブルとパブリックスペース活用の先にある都市像ーオーストラリア・メルボルン「20分圏ネイバーフッド」と「FUTURE MELBOURNE」にみる考察ー」『新都市』，第74巻第8号，pp.27-31.

伊丹市　2022：『第3期伊丹市中心市街地活性化基本計画』.
https://www.city.itami.lg.jp/material/files/group/69/chukatsu3kizentai.pdf
（最終閲覧日：2022年4月26日）

長坂泰之・新　雅史　2021：「コロナ禍は商店街にいかなる影響を与えたかー緊急事態宣言期における神戸元町商店街実態調査よりー」『流通科学大学論集流通・経営編』，第33巻第2号，pp.121-137.

日本気象協会　2021：「神戸（兵庫県）の過去の天気」.
https://tenki.jp/past/2021/11/weather/6/31/47770/
（最終閲覧日：2022年2月24日）

兵庫県　2022：「これまでの県内の新型コロナウイルス感染症患者の発生状況」.
https://web.pref.hyogo.lg.jp/kk03/corona_hasseijyokyo2.html
（最終閲覧日：2022年6月12日）

渡辺暁雄・水谷史男　2021：「新型コロナ時代における地方商店街の現状：2020年度「酒田市商店街実態調査」から」『東北公益文科大学総合研究論集』，第40巻，pp.17-50.

第5章

非公式「伊丹ナイトバル」による閉塞状況の打開

1. はじめに

2022年3月時点においても「伊丹まちなかバル」は2022年5月の開催が見合わされ、伊丹市中心市街地活性化協議会では代替するイベントとして「伊丹グルメトリップ」を伊丹市立ミュージアムのグランドオープンにあわせ同年4月22日㈮～6月5日㈰に実施するに至った。これは、第1章で記したように、「伊丹まちなかバル」の開催規模が大きく、参加者も多数に上ることから（写真1-1)、感染防止の観点からの判断と考えられる。

このような状況の中、コロナ禍以前に開催されていた「伊丹まちなかバル」に参画していた飲食店主の有志は、「伊丹まちなかバル」とほぼ同じ内容の「伊丹ナイトバル」を2022年5月21日㈯に開催することとした。この「伊丹ナイトバル」について主催者は敢えて非公式バルと銘打っている。

これまで、秋田（2008）のまちづくり条例、松本（2010）の大阪市生野区の区画整理事業、池田他（2021）の大阪府の路面電車阪堺線の存続等、市民活動が地方自治体の政策に影響を及ぼすことが報告されている。これらはコロナ禍以前のものであり、まちづくりの中でもハード面での施策を対象としており、コロナ禍でのソフト面での施策に関して論じたものではない。

そこで、本章では、コロナ禍が続き伊丹市中心市街地活性化協議会主催の「伊丹まちなかバル」が連続して開催中止を余儀なくされる状況の中、飲食店主の有志による「伊丹ナイトバル」が実施されるに至った経緯と開催の意義を明らかにすることを目的とする。

研究方法は以下のとおりである。まず、伊丹ナイトバル実行委員会の荒木宏之委員長に「伊丹ナイトバル」の開催に至る経緯等についてヒアリングを行う。つぎに、「伊丹ナイトバル」とそれに関連するイベントの開催概要を示し比較する。また、2022 年 5 月 21 日の「伊丹ナイトバル」の開催時に現地調査を行う。さらに、「伊丹ナイトバル」参加飲食店の意識調査をアンケートにより行う。これらの結果から「伊丹ナイトバル」開催の効果を考察する。

2. 「伊丹ナイトバル」の概要と他のイベントとの比較

(1) 「伊丹ナイトバル」が開催される経緯

図 5-1 に伊丹市の新型コロナウイルス感染者数の推移を示す。表 1-1 に示すとおり、3 度に渡って緊急事態宣言が発令された。2021 年 4 月 25 日から発出されていた第 3 回の緊急事態宣言は 2021 年 9 月 30 日に解除され、それ以降は、緊急事態宣言は発出されていないものの、2022 年に入り感染者数は増加と減少を繰り返した。同年 1 月からいわゆる第 6 波を迎え、同年 2 月をピークとして、4 月まで感染者数は大きな数字を示した。「伊丹まちなかバ

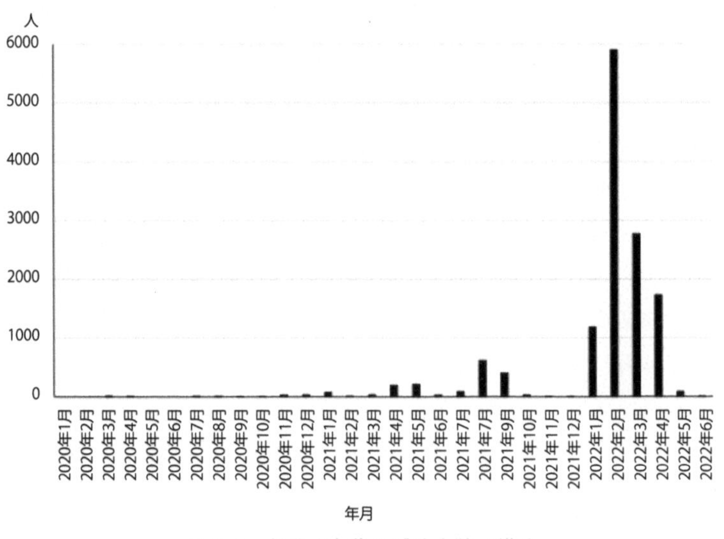

図 5-1　伊丹市在住の感染者数の推移

資料：兵庫県（2022）より伊丹市在住者を抽出し作成

ル」は、2020年5月、同年10月、2021年5月、同年10月と4回に渡って中止となってきていた。伊丹市中心市街地活性化推進協議会が主催する「伊丹まちなかバル」は2022年3月11日に同年5月の開催中止を公表している。

伊丹ナイトバル実行委員会委員長である荒木宏之委員長に「伊丹ナイトバル」の開催に至る経緯、発案時期等についてヒアリングを行った。「伊丹ナイトバル」の発案時期は2022年3月下旬頃であった。同年1月末に伊丹市と伊丹まち未来㈱の事務局から2022年5月の「伊丹まちなかバル」を中止する旨の話がなされた。この話の中で準備期間に4か月かかると聞き、荒木委員長は2か月もあれば準備には充分であり、飲食店が日々感染対策を行い営業してきている実績もあることから「伊丹まちなかバル」を開催するよう要請した。しかし、要請は聞き入れられず、3月に入り「伊丹まちなかバル」の代わりに「伊丹グルメトリップ」の準備がはじめられた。荒木委員長は、「伊丹グルメトリップ」は上手くはいかないであろうと予見し、飲食店有志による「伊丹ナトバル」を実施する考えを固めた。

⑵ 「伊丹ナイトバル」と「伊丹まちなかバル」あるいは「伊丹グルメトリップ」との比較

ここで、従来から実施されてきた「伊丹まちなかバル」、伊丹市と伊丹まち未来㈱の事務局が示した代替策として実施された「伊丹グルメトリップ」、飲食店有志により実施された「伊丹ナイトバル」について比較するため、それぞれの概要を以下に示す。

① 「伊丹まちなかバル」の概要

「伊丹まちなかバル」の概要は以下のとおりである。実施主体は伊丹市中心市街地活性化協議会である。2009年～2019年までに年2回(5月と10月)、コロナ禍以前に21回開催されてきている。参加飲食店数は、54店(第1回)～113店(第10回)の範囲であった。参加飲食店の募集方法は、伊丹市広報による募集が行われてきた。チケットは5枚綴りで、前売券3,500円、当日券4,000円となっていた。チケット販売数は、1,500枚(第1回)～5,390枚(第

10回）の範囲であった。バルイベント終了後に1週間以内であれば、残ったチケットを金券として利用できる仕組みである“あとバル”が実施されている。バルマップの形態は、第1回～第9回は折り畳み式、第10回以降はブック式となっている（図5-2）。バルマップブックから実施範囲を図5-3に示す。飲食店はバルイベント終了後にチケットを事務局に持参し、運営費を控除して換金される。「伊丹まちなかバル」は第1回のみ兵庫県の震災復興基金による「まちのにぎわいづくり一括事業」の助成金を得て開催されたが、第2回以降は上記の運営費により補助金に頼らずに運営し

図5-2　第21回「伊丹まちなかバル」のバルマップブック

資料：伊丹まちなかバル実行委員会（2019）より引用

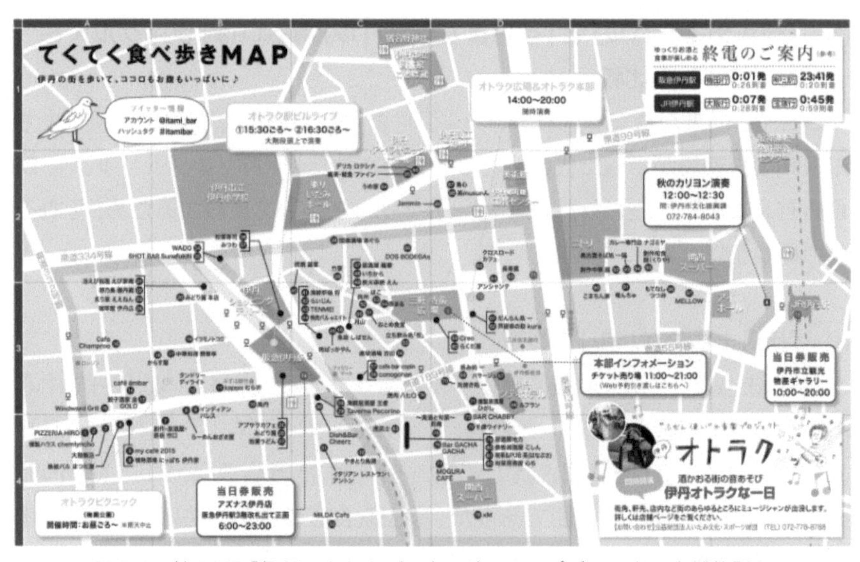

図5-3　第21回「伊丹まちなかバル」のバルマップブック中の店舗位置図

資料：伊丹まちなかバル実行委員会（2019）より引用

ている。

② 「伊丹グルメトリップ」の概要

伊丹市と伊丹まち未来㈱が代替策として示した「伊丹グルメトリップ」の開催概要を示す。「伊丹グルメトリップ」の主催は伊丹市中心市街地活性化協議会で、2022年春の伊丹市立博物館が伊丹市立ミュージアムに改組されたこととリンクさせた形で開催された（図5-4）。

開催期間は4月22日㈮～6月5日㈰と約1か月半となっている。参加店数は34店であった。チケットは、電子チケットで非接触型 Yahoo の PassMarket

図5-4 「伊丹グルメトリップ」のチラシ
資料：伊丹市中心市街地活性化協議会(2022)より引用

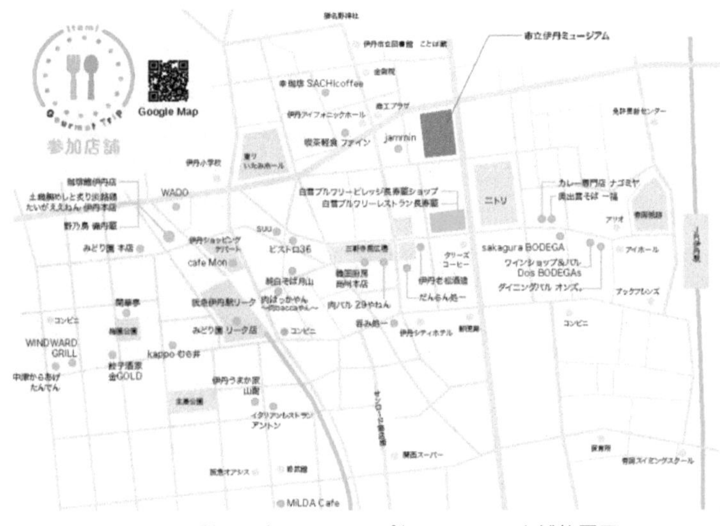

図5-5 「伊丹グルメトリップ」のチラシの店舗位置図
資料：伊丹市中心市街地活性化協議会(2022)より引用

が導入された。その上で、2 枚綴り 1,200 円のおてがるセット、4 枚綴り 2,400 円のまんぷくセット、6 枚綴り 3,600 円のわいわいセットの 3 種類が用意された。また、電子チケットの購入により伊丹市立ミュージアムの観覧料が割引される。「伊丹まちなかバル」で行われている“あとバル”は実施されていない。マップはチラシに掲載されており（図 5-5)、「伊丹まちなかバル」の実施範囲と同様と考えられる。

③ 「伊丹ナイトバル」の概要

「伊丹ナイトバル」の概要は以下のとおりである。実施主体は伊丹ナイトバル実行委員会である。開催日は2022年5月21日㈯16時～ 20時30分であった。参加飲食店数は47店であった。参加飲食店の募集方法は実行委員会からの呼び掛けにより行われた。チケットは5枚綴りで、前売券3,500円、当日券4,000円であった。チケット販売数は、1,841枚であった。「伊丹まちなかバル」では“あとバル”が実施されているが、「伊丹ナイトバル」ではそれを実施していない。バルマップの形態は折り畳み式であった（図5-6)。バルマップから実施範囲を図5-7に示す。今回限りでの開催のため、「伊丹まちなかバル」にあるようなストックした運営費は無い。

図5-6 「伊丹ナイトバル」のバルマップ
資料：伊丹ナイトバル実行委員会（2022）より引用

なお、当日の気象は曇で最高気温22.4 度、最低気温 18.5 度であり、参加者が参加しやすい気象状況であった。

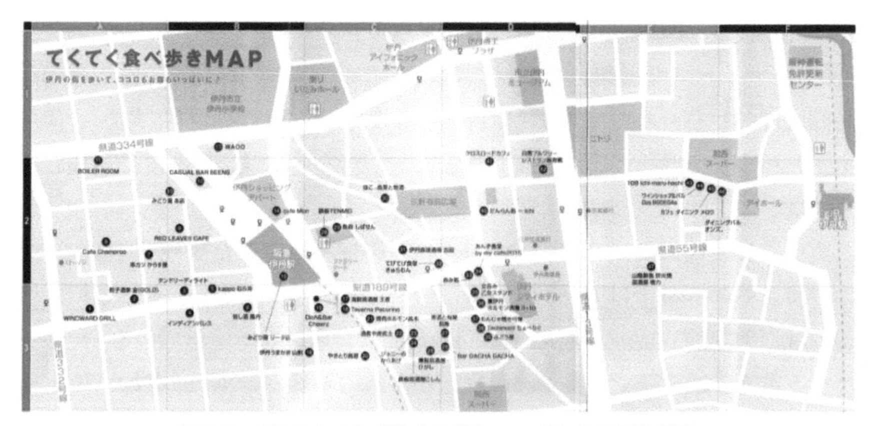

図5-7　「伊丹ナイトバル」のバルマップ中の店舗位置図

資料：伊丹ナイトバル実行委員会（2022）より引用

(3)　イベント間の比較

3つのイベントの比較を表5-1に示す。

表5-1　イベントの比較

	伊丹まちなかバル	伊丹グルメトリップ	伊丹ナイトバル
実施主体	伊丹市中心市街地活性化協議会	伊丹市中心市街地活性化協議会	伊丹ナイトバル実行委員会 （飲食店有志）
開催日	2009～2019年 年2回（5月と10月） これまでに21回開催	2022年4月22日（金）～6月5日（日）	2022年5月21日（土）
参加 飲食店数	54店（第1回）～ 113店（第10回）	34店	47店
飲食店 募集方法	伊丹市広報	伊丹まち未来（株）HP	実行委員会からの呼び掛け
チケット	5枚綴り 前売券3,500円 当日券4,000円	電子チケット （非接触型YahooのPassMarket） おてがるセット：2枚綴り1,200円 まんぷくセット：4枚綴り2,400円 わいわいセット：6枚綴り3,600円	5枚綴り 前売券3,500円 当日券4,000円
チケット 販売枚数	1,500枚（第1回）～ 5,390枚（第10回）	少ない（事務局談）	1,841枚
あとバル	あり	なし	なし
バルマップの形態	折り畳み式	チラシ	折り畳み式

資料：伊丹まち未来（株）HPおよび伊丹ナイトバル実行委員会により作成

① 「伊丹まちなかバル」と「伊丹ナイトバル」

「伊丹ナイトバル」は有志により実施されたが、基本的な仕組みや地域的な範囲は従前から行われてきた「伊丹まちなかバル」とほぼ同様である。「伊丹ナイトバル」を規模的にみると、「伊丹まちなかバル」の第1回程度の規模といえよう。

実行委員会委員長に、「伊丹ナイトバル」の当初想定した規模、開催決定後の飲食店への呼び掛け方法、効果等についてヒアリングを行った。規模については「伊丹まちなかバル」の第1回の参加飲食店数を考慮している。発売チケット数を多くすると、多くの飲食店が多数の参加者で溢れ、参加者によっては飲食店に入れなくなる事態が想定されることから35～40程度の参加飲食店数を想定し、1飲食店が200食程度提供することを想定していた。実際には47店が参加となっている。飲食店への呼び掛け方法は、実行委員長自らがまちなかを歩き、各飲食店に直接呼び掛けている。呼び掛けた飲食店の基準は経営者が若いこと、普段様々な取組みを一緒にやっていることであった。また、白雪ブルワリーレストラン長寿蔵など収容客数が大きい飲食店にも呼び掛けている。

「伊丹ナイトバル」実施の効果について、実行委員長としては「伊丹ナイトバル」は最初から今回の1回限りと考えており、「伊丹まちなかバル」が2022年秋に開催できやすいように動いただけとの認識である。なお、運営面では事務局運営費の資金面で苦労があったとのことであった。

② 「伊丹グルメトリップ」と「伊丹ナイトバル」

開催日数についてみると、「伊丹ナイトバル」が1日であるのに対して、「伊丹グルメトリップ」は約1か月半と大きく異なる。チケットは「伊丹ナイトバル」が従来の「伊丹まちなかバル」と同様に紙チケットであるのに対し、「伊丹グルメトリップ」では電子チケットが導入されている。チケット1枚あたりの金額は「伊丹ナイトバル」が前売券で700円であるのに対して、「伊丹グルメトリップ」は600円と低く設定されている。

ここでそれぞれの参加店をみたい。「伊丹ナイトバル」と「伊丹グルメトリップ」の両方に参加している飲食店が14店となっている。白雪ブルワリーレストラン長寿蔵など、収容客数が大きい飲食店は両方に参加している。また、このような大きい飲食店でなくても両方に参加している場合もある。「伊丹ナイトバル」に参加している飲食店は全てアルコールの提供をしている。しかし、「伊丹グルメトリップ」では、アルコールを提供しない喫茶店4店、物販1店が参加しており、飲み食べ歩きイベント以外の性格も持ち合わせていると考えられる。

3. 「伊丹ナイトバル」参加飲食店主の意識

「伊丹ナイトバル」に参加した飲食店主の意識調査を行うため、開催後に実行委員長を通じて参加飲食店主へのGoogle Formsを用いたアンケートを実施した。実行委員長から参加飲食店主にQRコードを配信し、参加飲食店主が直接Google Formsにアクセスして回答した。回答は47名中30名からとなり、回収率は63.8%であった。

回答者の属性について見る。年齢は20代が2名、30代が11名、40代が14名、50歳以上が3名となっている(図5-8)。性別は男性が27名、女性が3名となっている(図5-9)。2019年までに開催された「伊丹まちなかバル」への「参加経験がある」が28名、「参加経験がない」が2名となっている(図5-10)。「伊丹まちなかバル」に参加した際の来客数について訊いたところ、

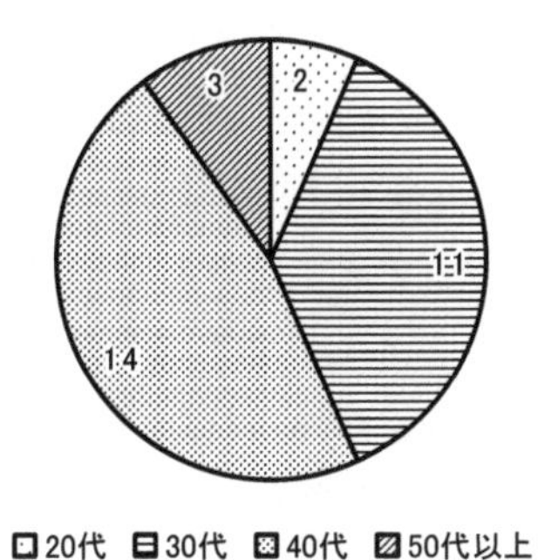

図5-8 参加飲食店主の年齢

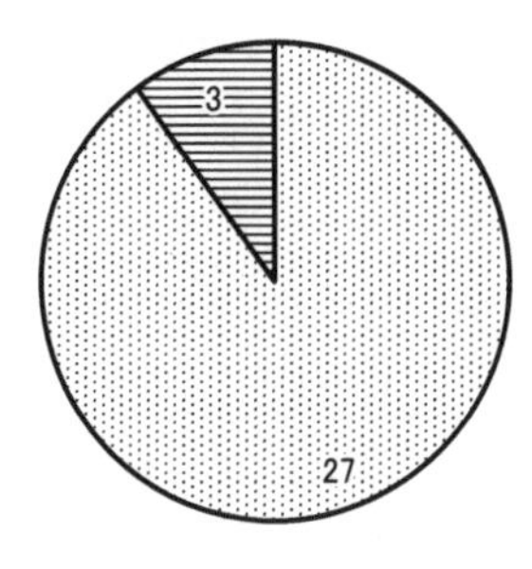

図5-9 参加飲食店主の性別

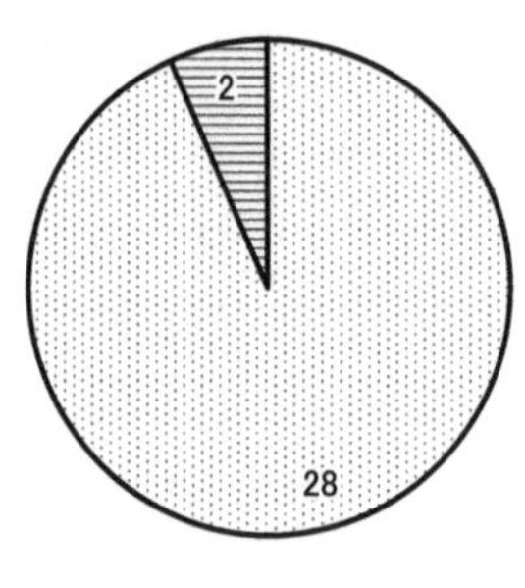

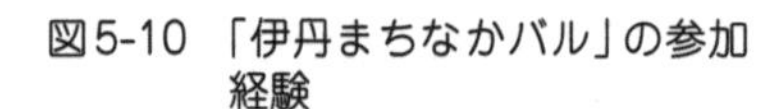

図5-10 「伊丹まちなかバル」の参加経験

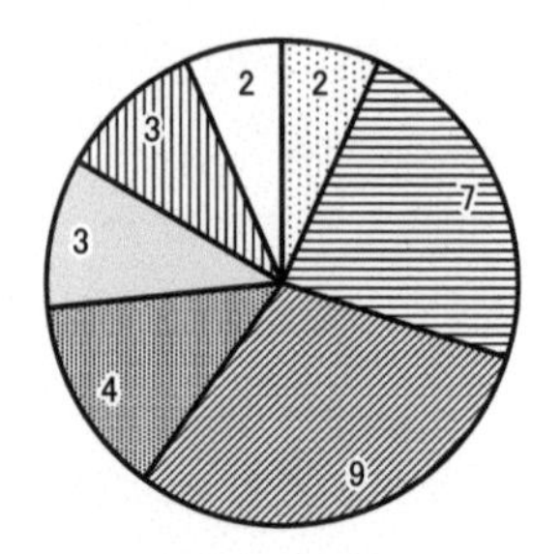

図5-11 「伊丹まちなかバル」参加の際の来客数

200名以上300名未満が最も多く9名となっていた（図5-11)。

「伊丹ナイトバル」への参加の決定にあたっての状況は、「即決」が21名、「少し考えた」が8名、「だいぶ考えた」が1名となっている（図5-12)。この質問については、その理由を尋ねている。「即決」の理由をみると、「地域活性化のために」といったものが8名であった（なお、この内の2名は「自店舗の宣伝になる」という理由も併記されている)。つぎに、「委員長からの提案を受けて」といった趣旨の回答が6名であった。この他に、「はじめての参加が楽しみ」「参加しない理由は無い」「オーナーの判断」が1名ずつであった。記述の無いものが4名となっていた。「少し考えた」の理由をみると、「スタッフの欠員等による体制の不安」「お客様が来るのかが不安」「お客様やスタッフの感染リスク」「委員長からの提案を受けて」等の回答がみられた。「だいぶ考えた」の理由をみると、「声を掛けられた順番や理由」となっている。

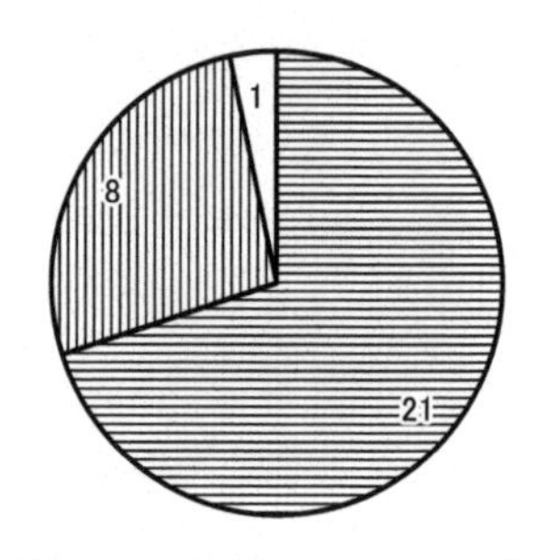

図5-12 「伊丹ナイトバル」への参加決定の状況

つぎに、今回の「伊丹ナイトバル」での来客数について訊いたところ、「200

名以上 300 名未満」が最も多く 8 名となっていた（図 5-13）。来客数は想定したものと比較してどうであったかとの質問では、「予想よりも多かった」が 13 名、「予想どおり」が 14 名、「予想より少なかった」が 2 名、「回答なし」が 1 名となっている（図 5-14）。

つぎに、「伊丹ナイトバル」の開催規模についてどのように考えているかを尋ねたところ、「大きい」が 1 名、「ちょうど良い」が 25 名、「小さい」が 4 名となっている（図 5-15）。

今後も「伊丹ナイトバル」を開催すべきと思うかとの問い掛けには、「開催すべき」が 14 名、「どちらとも言えない」が 12 名、「開催すべきではない」が 4 名となっている（図 5-16）。

さらに、従来の「伊丹まちなかバル」が開催できる場合は、そうすべきと考えるかとの質問では、「そうすべき」が 27 名、「どちらとも言えない」が 3 名、「そうすべきではない」

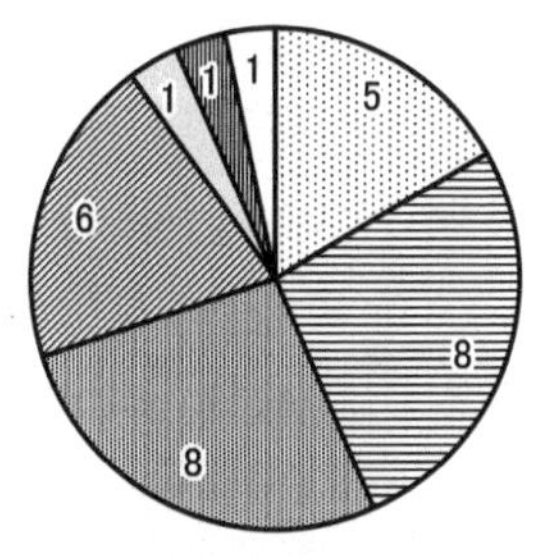

図 5-13　「伊丹ナイトバル」での来客数

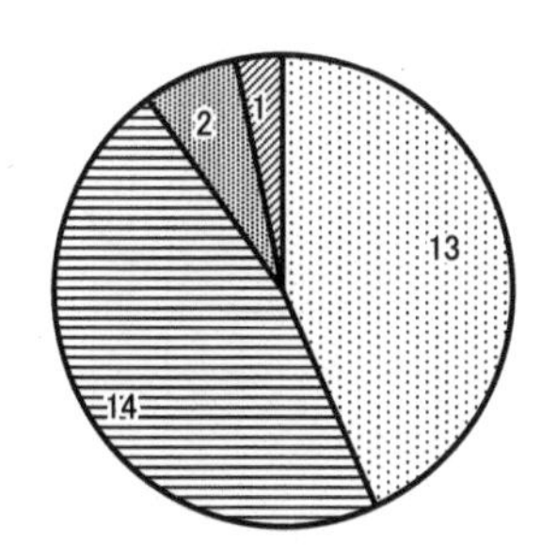

図 5-14　「伊丹ナイトバル」で予想した来客数と実際の差

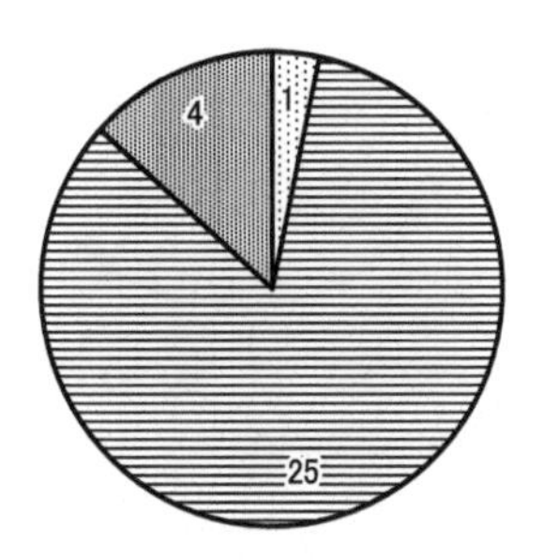

図 5-15　「伊丹ナイトバル」の開催規模

は０名となっていた（図 5-17）。

最後に、今後の伊丹市の地域活性化についての意見については記述回答を求めた。「出来る限り、イベントがあれば参加して協力したいと思っています」「イベントを心待ちにしている人がたくさんいるので積極的に参加したい」「中々コロナ前に戻るには時間もかかります。伊丹に来てもらうにはきっかけが重要だと思います」「まだ宴会などができず、本来の外での飲食への活性が戻らず厳しいですが、少しでも活性化になるイベントを開催してほしい」といった記述が見られた。

このように、多くの飲食店主が「伊丹ナイトバル」開催の意図を認識するとともに、コロナ禍での影響から「伊丹ナイトバル」の開催を通じて地域を活性化していきたいという意思をもった飲食店主が多く参加していると言えよう。また、アンケート調査から、今回の規模で実施した場合でも、チケット数を計画的に販売した結果、多くの参加店が予想どおりか予想を上回る来客があったとしており、従前の「伊丹まちなかバル」のような 100 店前後の出店でなかったとしてもイベントとして成立することが伺われる。

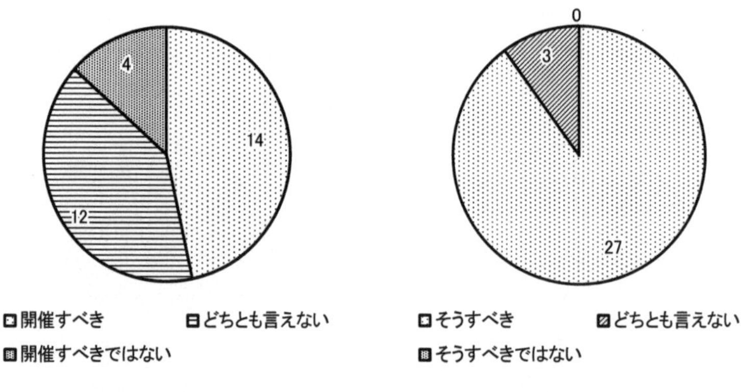

図5-16　今後も「伊丹ナイトバル」を開催すべきか

図5-17　従来の「伊丹まちなかバル」が開催できる場合

4. 2022年10月の「伊丹まちなかバル」の再開

2022年10月22日(土)、3年ぶりに「伊丹まちなかバル」が開催された（図5-18）。伊丹市の担当者によれば、感染状況から実施可能と判断したとのことである。事務局に確認したところ、開催概要は以下のとおりであった。参加飲食店数は73店、チケット販売数は2,850枚であった。チケットは従来と同じ5枚綴りの紙によるチケットで、前売券3,500円、当日券4,000円であった。参加飲食店数等は2019年10月開催と比較し、7割程度となっている。

図5-18　第27回「伊丹まちなかバル」のバルマップブック

資料：伊丹まちなかバル実行委員会(2022)より引用

一方、2022年10月9日(日)に「伊丹ナイトバル」の荒木実行委員長にヒアリングしたところ、「伊丹ナイトバル」を開催した目論見どおりとなったとのことであった。

5. まとめ

「伊丹ナイトバル」に係る調査結果から以下のことがいえよう。

第1に、公的機関と位置付けられる中心市街地活性化協議会が、コロナ禍において参加者が多く集まるバルイベントの実施に踏み切りにくい中、民間である飲食店主の有志がコロナ対策に留意しつつ開催を実現したことそのものに意義があると考えられる。

第2に、今回の取組みは、有志によってバルイベントの開催実績を作ることにより、公的機関と位置付けられる中心市街地活性化協議会がバルイベントの実施しやすい環境を整えることを目論んだものであり、有志が継続してバルイベントを開催することは意図していないことである。

第3に、今回の取組みが、今後想定されるコロナと共存する新たな常態での参考となり得る可能性を示唆していたことである。筆者が現地で「伊丹ナイトバル」を観察した際、参加者で混み合うような様子はあまり見られなかった（写真5-1）。大規模にすると参加者が多く集うバルイベントについては、開催規模を小さくし、チケット販売数を抑制することにより参加者数を限定することで、コロナ禍以前の開催時の状態と比較して密集状態が比較的緩和された状態になることを示したのではないかと考えられる。また、「伊丹ナイトバル」の開催規模について、参加飲食店主の多くがちょうど良いと捉えていたとともに、来客数は飲食店主の多くが想定していたとおり、あるいは想定していたよりも多かったことから、開催規模を小さくして行っても支障のないことが明らかになったと考えられる。

「伊丹ナイトバル」を実行した有志の目論見どおり、2022年10月には「伊丹まちなかバル」が3年ぶりに開催された。2019年10月の開催と比較し、参加飲食店数や参加者数は7割程度となった。コロナの感染状況によるところは大きいが、今後の開催状況についても引き続き注視していきたい。

写真5-1 「伊丹ナイトバル」の様子

資料：筆者撮影（2022年5月21日）

なお、伊丹市と伊丹まち未来㈱が代替策として示した「伊丹グルメトリップ」は開催期間の長期間の設定、参加店の規模等に加え、電子チケットの導入といったコロナ禍を踏まえての感染対策を考えたツールが用いられた。しかし、電子チケットの操作では、その煩雑さといった参加店と参加者双方の利用にあたっての課題が見られ、今回の試みを将来に活かすべく、今後の改善が期待される。

参考文献

秋田典子　2008：「まちづくり条例の発展プロセスに関する研究」『都市計画報告集』, 第7巻第2号, pp.37-40.

池田昌博・野木義弘・ペリー史子　2021：「阪堺線存続の歩みと東西鉄軌道計画の中止について－市民活動から見えてきたものとこれからの課題－」『大阪産業大学人間環境論集』, 第20号, pp.53-88.

日本気象協会　2022：「神戸（兵庫県）の過去の天気」.
https://tenki.jp/past/2022/05/weather/6/31/47770/
（最終閲覧日：2022年8月23日）

兵庫県　2022：「これまでの県内の新型コロナウイルス感染症患者の発生状況」.
https://web.pref.hyogo.lg.jp/kk03/corona_hasseijyokyo2.html
（最終閲覧日：2022年8月21日）

松本裕彦　2010：「都市開発における地縁型団体と自治体の政策転換との関係に関する実証的研究」『コミュニティ政策』, 第8巻, pp.117-137.

第3部

大規模再開発エリアでの対応

第6章

アミング潮江商店街の青空市（兵庫県尼崎市）

1. はじめに

2021年に入り、兵庫県尼崎市のJR尼崎駅北側にあるアミング潮江商店街が道路占用許可を取って青空市を開始したとの情報を得た。そこで本章では、コロナ禍において兵庫県尼崎市のアミング潮江商店街が青空市[1)]を開始するに至った経緯とともにコロナ感染予防対策を含めた開催の状況を把握し、その成果と今後の課題について報告する。

第4章では、泉山（2020）による官民連携のまちづくりは新たな時代が到来し、ウォーカブル（居心地よく歩きたくなるまちなか）が推進されていることの報告や、コロナ禍により、感染症対策のほか、在宅勤務や非接触端末などのテクノロジーの発展的導入など、ライフスタイルの変化や都市のあり方が模索されてきていることの指摘を踏まえた調査を実施した。鈴木（2020）は、ウォーカブルを推進する上で、マーケットが日常と非日常、人に会いに行く、まちの魅力を感じるといった特徴から不可欠であるとしている。また、日本のマーケットはコロナ禍で休止される場合が多いのと比較して、ニューヨークやロンドンではマーケットがエッセンシャルビジネスとして捉えられ運営されており、これからのまちには独立した小さな個が集合するマーケットのようなしなやかな場があることで、まちを再び人のもとに取り戻すことができるのではないかと指摘している（鈴木、2020）。

本章の対象地域である兵庫県尼崎市は兵庫県南東部に位置し、大阪平野の西部にあり地形は概ね平坦で、市域の面積は約50.72㎢、人口は461,988人（2021年3月31日、住民基本台帳）となっている。周囲は兵庫県西宮市・伊丹市や大阪府豊中市・大阪市と接している。本研究の対象とするアミング潮江商店街は、JR尼崎駅北側に位置する。

加藤・森（1987）によれば、尼崎市は明治以降わが国における近代工業の発展過程と軌を一にして発展し、有数の工業地域としての地位を保ってきた。しかし、臨海部の素材系大工場群の停滞・規模縮小は著しく、内陸部工業地域では住工混在に伴う諸問題が発生しているとされた。このような状況をふまえつつ、杉村（1987）は尼崎市の商業地域の機能を明らかにするとともに、活性化の必要性を指摘している。その後、大規模工場の撤退に伴い、工場跡地利用の課題が顕在化した（岩崎、2005）。尼崎市では、2002年度に「尼崎市商業立地のあり方研究会」を設置し検討を行い、2004年4月1日から尼崎市商業立地ガイドラインを施行した（木田、2006）。これによれば、JR尼崎駅周辺は広域型商業集積ゾーンに位置付けられる。なお、新庄（2021）は当該商店街を含むJR尼崎駅周辺地域における土地利用の変化に伴う都市再生の課題を報告しているが、当該商店街のコロナ禍での対応には触れていない。

ここで尼崎市のウォーカブルの推進について簡単に触れる。国土交通省都市局街路交通施設課（2021）によればウォーカブル推進都市は2021年6月30日時点で312自治体に及び、尼崎市も含まれている。これらの内52都市でウォーカブル区域（滞在快適性等向上区域）が設定されているが、尼崎市は含まれない。尼崎市都市整備局土木部道路整備担当（2021）によれば、本稿の対象のJR尼崎駅周辺ではなく、阪急塚口駅周辺で2021年10月8～10日に居心地の良い駅前空間に向けた社会実験が実施されている。

研究方法は、以下のとおりである。青空市は2021年5月から毎月第3土曜日に開催されており、6月19日、8月21日、9月18日の3回に渡り現地調査を行った。くわえて2021年11月27日に商店街の入口の掲示物等の確認を行った。また、現地調査の際にアミング潮江商店街振興組合へのヒアリングを実施するとともにパンフレット、参加する組合店へのアンケート結果、来街者等の交通量調査結果などの資料の提供を受けた。さらに、同組合を通じて、コロナ禍以前の状況やコロナ禍による影響について確認した。これらの情報を総合して、今般のコロナ禍での青空市の開催とその成果について考察を行う。

2. 青空市実施前の経緯

(1) 商店街の特徴

図6-1は、1986年発行の1万分の1地形図である。戦前からの老朽住宅、公共施設不足などの問題解決のため1983年に「潮江まちづくり協議会」が発足し、公共施設や商業施設、住宅などの整備を図ることを目的に再開発が計画された。1997年に、JR尼崎駅が東西線開通を機にターミナル駅となり、同駅にすべての新快速・快速が停車するようになった。キリンビール工場が神戸市北区に移転するため、1996年に操業を停止し、1998年には「あまがさき緑遊新都心構想」が計画された。従前はこの地域に潮江本町商店街、潮江サンロード、JR尼崎駅前商店街、潮江デパート、神崎中央市場、潮栄会等の商店街があった。しかし、再開発を契機として、現在はアミング潮江商店街、コア潮江ショッピングセンター、キューズモールとなっている。図6-2は、2008年発行の1万分の1地形図である。再開発に伴い、商店街の道路は市道と

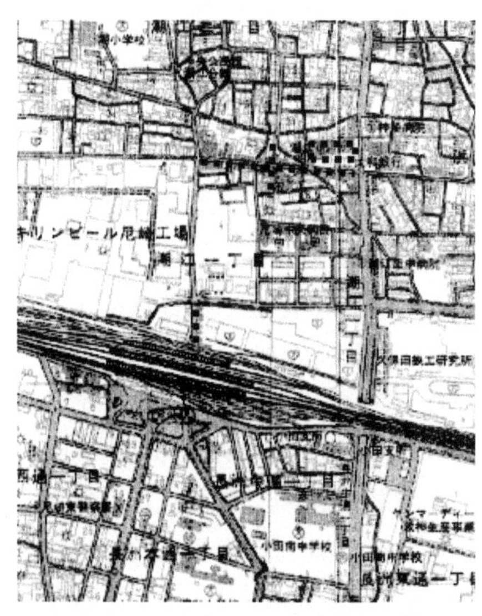

図6-1　1986年のJR尼崎付近の様子

資料：1万分の1地形図「尼崎」・「十三」(1986)
※■■■■■■■■■■■■■旧商店街[2)]

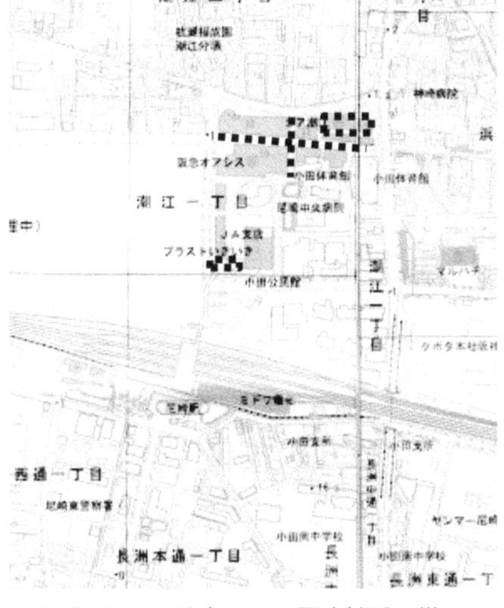

図6-2　2008年のJR尼崎付近の様子

資料：1万分の1地形図「尼崎」・「十三」(2008)
※■■■■■■■■■■■■■アミング潮江商店街[3)]

図6-3　JR尼崎駅周辺商業施設全体のガイドブック

資料：潮江地区商店街連合会（2017）より引用

なっている。2017年にJR尼崎駅周辺商業施設全体でガイドブックを発行するに至る（図6-3）。

古くからの商店街が母体となっていることから、過去からの経緯で夜に行われる夏祭り「夜市」が実施されていた。しかし、「夜市」には10,000人が来街するものの来店はしないため、組合店は手間がかかり、一方で、露天商等が出店することから、組合店が行事のために店を閉めるような事態が生じ、組合店は疲弊していた。2017年から活性化に向けた動きが始まる。2018年5月から毎月第3土曜日に「楽市楽座」を開催することとなる（図6-4）。物販・飲食の店舗が参加して

図6-4　楽市楽座のチラシ

資料：アミング潮江商店街（2018）より引用

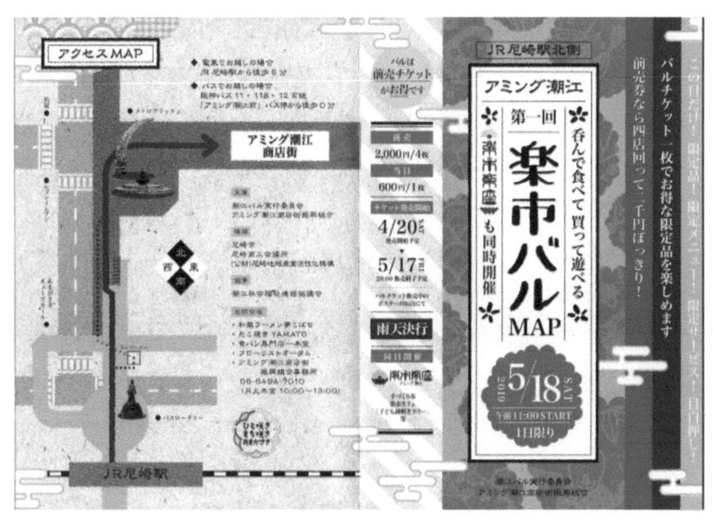

図6-5　楽市バルのバルマップ

資料：アミング潮江商店街（2019）より引用

特売等を実施するとともに、落語や将棋教室等のイベントを同時開催するものである。2020年12月まで実施されてきた。この間、「楽市バル」も2019年5月と2019年11月の2回同時開催されている（図6-5）。しかし、コロナ禍の影響等により、実施方法の見直しに迫られた。また、商店街全体を使った取組みであることから、来街者が安全に「楽市楽座」に参加する上で、かねてから懸案であった商店街を高速で通過する自転車の存在が課題として鮮明となった。

3. コロナ禍での青空市の開催状況

(1) 青空市を企画するに至る背景

2020年以降のコロナ禍において青空市の開催以前の状況について組合を通じて確認したところ、飲食店3店と花・植木小売業店1店の計4店より回答が得られた。ベトナム料理や酒類を提供する飲食店では、通常平日20人程度が平均2時間ほど滞留し、酒類の売上が多く利益も上がっていたが、2020年

3月緊急事態宣言発出前頃より夜間の売上の減少が生じ、発令後に激減した。このため、コロナ禍以前においては、ランチは残った食材等を活かしたフードロス対策的な位置づけであったが、コロナ禍により夜間の売上の減少を補う目的で、弁当販売を開始し、あわせてベトナム料理ランチを始めている。また、たこやき店は、店内飲食はほとんどなく、店頭で焼いているたこ焼きをテイクアウトで購入してもらうのがほとんどであることから、商店街の人通りが売上に大きく影響している。2020年2月のコロナ報道開始時点から、たこやき店の主顧客である高齢者の来店は約50%近く減った。さらに同年3月の緊急事態宣言の発出により、子ども連れの客が減り、通常平日約100組の来店客が、2020年4月には約40組まで減少した。なお、唐揚げ店は2020年のコロナ禍になってからテイクアウトで販売する店として開店しており、テイクアウト需要が伸びてきたことから、開店以降の売上は伸びている。飲食店と異なる花・植木小売業では、コロナ禍において自宅でのガーデニングなどの需要が増加したようで、飲食店ほどの影響は受けていない。しかし、商店街として来街者が減り、組合店の飲食店への影響が大きく、閉店しかねない状況と受け止め、商店街としての対策の必要性を認識していた。

このように個々の店の営業品目により差異はあるものの、コロナによる大きな影響を受けている飲食店の存在、来街者数の減少を商店街として危機と捉えている。

(2) 青空市の企画と実施

前項で示したようなコロナ禍の状況において、来街者から狭い店内で買物することへの不安が寄せられていた。また、組合店からも外で安心して買物をしてもらった方が良いのではとの意見が出された。このようなことから2020年の段階で青空市が発案された。

2020年の当時の状況について組合を通じて確認したところ、2021年度計画をたてるにあたり、コロナだからこそできることはないか、組合店が儲かる体制をつくるのが本来ではないかといった視点で見直しをはかり、店が外の空の下にテントで短時間日用品やテイクアウトを販売することとなった。

「商店街の強み」を活かしての企画を始動させることと認識されている。また、この企画を練るにあたっては、どのような状況下でも来街者数を増やすこと、さらに日常的な買物客の来街をはかることが組合としての課題であるとの認識から企画が練られている。一時的な賑わいではなく、日常的な買物客の来街を促す方法として、毎月実施することで毎月買物客に告知宣伝する機会を生むこと、さらに個店を知ってもらうための体験すなわち「飲食店なら食べる」「販売店なら買う」を気軽に促進できる企画が必要と考え、青空市開催に至っている。同商店街は広い街路に樹々がうわり、アーケードがない分だけ青空が見えて非常に健康的で心地よいといった利点を活かして買物客の来街を促すために、街路に椅子や机を出してオープンカフェのように楽しめる空間をつくっていくことも視野に入れている。

図6-6　青空市のチラシ

資料：アミング潮江商店街（2021）より引用

2021年3月に、青空市に参画する組合店は、議論の末、開催を毎月第三土曜日の11時から13時の短時間とし、名称を「ア

図6-7　組合店の位置

資料：アミング潮江商店街作製チラシ（2021）より引用

写真6-1　青空市への出店の様子

資料：筆者撮影（2021年9月18日）

写真6-2　道路占用許可証

資料：筆者撮影（2021年9月18日）

ミちゃんの青空市」とすることとした。実行委員長を選任し2021年5月の第3土曜日に初回を実施することとなった（図6-6）。青空市の実施に際しては（図6-7）、テントを市道に設置することから（写真6-1）、道路占用の許可が必要となる。この道路占用の許可は、毎月開催の度に手続きが求められている（写真6-2）。青空市は、屋外にテントを設置することから密閉を回避している（通常の店舗での営業時には、各店で空気清浄機の設置、マスク装着厳守のポスターによる啓発、飲食店においては兵庫県の認定を受け、席数を減らす等が行われている）。なお、青空市開催に際しては、参加する組合店へのアンケート調査が実施されているとともに、開催時間帯の来街者と自転車等の交通量調査が行われている。

(3)　出店状況と参加店の声

青空市に出店する参加店についてみると、飲食料小売業では青果、食肉、料理（総菜）、菓子の4店が、その他の小売業ではドラックストアと2店の花・植木（生花）の3店が、宿泊・飲食業では飲食業が4店、ホテルが1店参画しており、全部で12店からなり多様である[4)]。2021年5月15日の初回から同年11月20日までの参加店の出店状況を表6-1に示した。最も多いのは5月15日と7月17日の11店で、最も少ないのは9月18日の7店となっている。9月18日は台風14号の通過直後が開催時間となり、このため出店を控えた店が数店ある。組合店には、毎月必ず参加しなければならないといった強い縛りは課されておらず、概ね9～11店で推移している。天候や扱う商品に応じた参加がなされている。

表6-1　参加店の出店状況（2021年）

大分類	中分類	小分類	5月15日	6月19日	7月17日	8月21日	9月18日	10月23日	11月20日
小売業	飲食料品小売業	青果	○	○	○	○	○	○	○
		食肉	○	○	○	○	○	○	×
		料理品	○	○	○	○	○	○	○
		菓子	○	○	○	×	×	×	×
	その他の小売業	ドラッグストア	○	○	○	○	○	○	○
		花・植木	○	○	○	×	○	○	○
		花・植木	○	○	○	×	×	○	○
宿泊・飲食業	飲食店	ラーメン	○	○	○	○	×	×	○
		ベトナム料理	○	○	○	○	○	○	○
		たこ焼き	○	○	○	○	○	○	○
		唐揚げ	○	×	○	○	×	○	○
	ホテル	ホテル	×	×	×	×	×	×	○

資料：アミング潮江商店街提供資料により作成

組合では、参加店へのアンケートを毎月実施している[5)]。5月15日、6月19日、7月17日、8月21日、9月18日は3回目の緊急事態宣言が発出されている時期である。10月16日および11月20日は3回目の緊急事態宣言が解除された後である。春から夏を経て秋が深まる時期までとなっている。7回のアンケートを見ると、組合としての青空市の取組みを肯定的に捉えていることや、青空市への来街者数の多寡による来街者数の印象、販売する商品の売れ行き、買物客との交流、買物客の声といったことが記載されている。来街者が多い場合は、非常に前向きなコメントが多くみられる。一方で、来街者が少ない場合、その要因について、気象の状態や気温等に求めている。

(4)　来街者数と自転車等走行数の推移

商店街は青空市が行われる日とその前後の週に歩行者数と自転車の走行数を計測しており、これを示したのが図6-8である。また、尼崎市の新型コロナウイルス感染症の感染者数を図 6-9 に示す。さらに、青空市開催日の気象の状況を表 6-2 に各月の平均気温等を図 6-10 に示す[6)]。

コロナ禍以前の歩行者数と自転車の走行数の計測を組合に確認したところ、2018 年 11 月 24 日㈯および同年 12 月 15 日㈯のデータの提供を受けた。後者は前節で記した楽市楽座の開催日で、前者は特にイベントのない日である。2018 年 11 月 24 日の天候は晴れで、歩行者数は 1,320 人、自転車の走行数は 1,244 台となっていた。同年 12 月 15 日の天候は曇で、歩行者数は 3,652 人、自転車の走行数は 988 台となっていた。

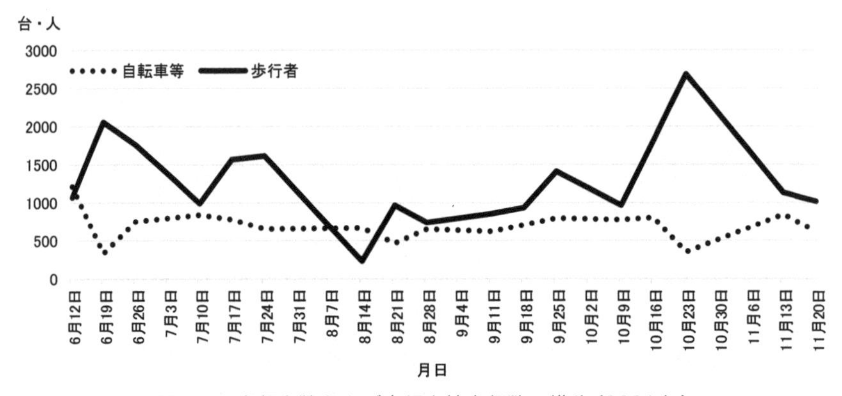

図6-8　歩行者数および自転車等走行数の推移（2021 年）

資料：アミング潮江商店街提供資料により作成

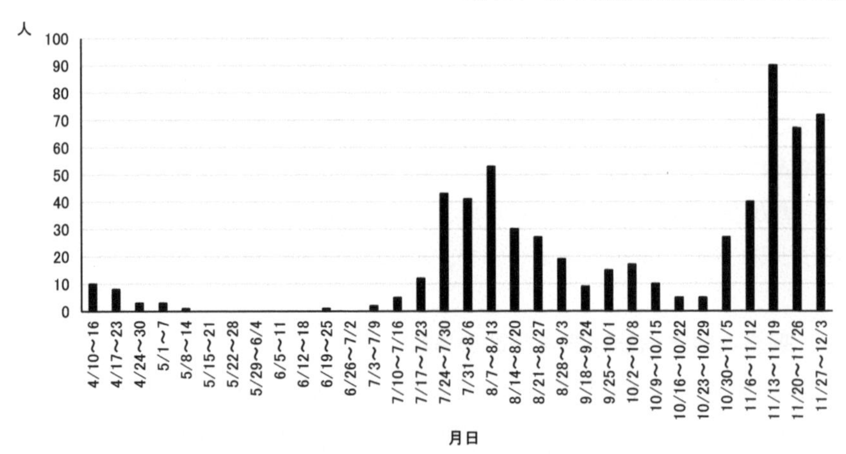

図6-9　尼崎市の新型コロナウイルス感染症の感染者数の推移（2021 年）

資料：尼崎市健康福祉局新型コロナウイルス感染症対策室（2022）により作成

図6-8をみると、開催日の自転車走行数の変動は歩行者と比較すると、あまり大きくない。歩行者数は、8月に大きく落ち込んでいる。緊急事態宣言の発令中であることや、図6-9に示すように市内でのコロナ感染症の感染者数の増加、図6-10に示すように7月以降の暑さが続いていることの影響があったものと推察される。一方、10月23日は、青空市とは別に青空市参加店によりハロウインイベントが催され、2,685人の歩行者数が数えられている。第3回の緊急事態宣言は9月30日までであり、コロナ感染者数も減少しており、過ごしやすい季節でもある。また、この日は、自転車の走行数は減っており、来街者の多い商店街の通行を回避しているように見える。11月20日は、再度歩行者数は減少している。開催日前日までの1週間のコロナ感染者

表6-2　2021年の開催日の気象（大阪管区気象台）

月　日	5月15日	6月19日	7月17日	8月21日	9月18日	10月16日	11月20日
天　候	曇	雨のち曇	晴のち曇	曇一時雨	雨のち晴	晴のち雨	晴
最高気温（℃）	27.2	22.1	33.4	30.2	30.2	28.5	20.8
最低気温（℃）	19.3	19.8	25.4	22.5	22.4	18.3	10.0

資料：日本気象協会（2022）により作成

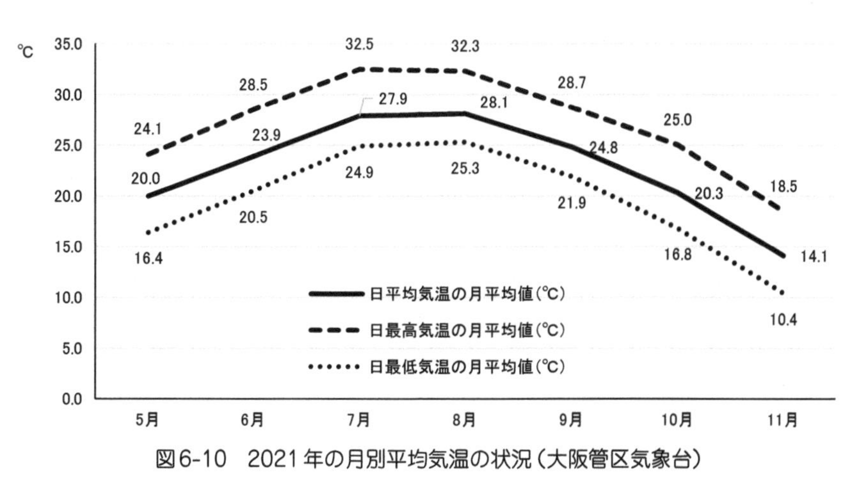

図6-10　2021年の月別平均気温の状況（大阪管区気象台）

資料：気象庁（2022a、2022b、2022c）により作成

数をみると、急激に増加していることや気温の低下等から青空市への参加が控えられたことが推測される。

図 6-8 から、自転車の走行の多くは、商店街への来街というよりはむしろ通過交通であり、あまり大きな変動はみられない傾向にある。一方、歩行者数は来街者を示すと考えられ、この変動が前節での青空市への参加組合店の一喜一憂的なアンケート回答に結びついているのではないだろうか。

4. 青空市開催の成果と今後の課題

本章では、コロナ禍の 2021 年 5 月から始まった兵庫県尼崎市のアミング潮江商店街の青空市の取組みの経過を見てきた。これまでの調査結果から、コロナ禍での青空市開催の成果は以下のとおりであると考える。

まず、アミング潮江商店街の青空市は、コロナ禍において、状況に立ちすくみ何もせずにいたのではなく、青空市というアイディアを出し、それを実行したことで、密閉を回避する販売方法を確立したことである。開催時刻は 11 時～ 13 時となっており、買物客が殺到するような事態にはなっておらず、買物客の長時間の滞留も回避され、緩やかな賑わいを創出しているといえる。出店している組合店の販売状況は良く、来街者数はコロナ禍以前の数字に近似し、商業の本質的な意義を果たしているといえよう。

つぎに、青空市を通じて、組合店同士、組合店と組合、組合店と買物客との繋がりが強化されたことである。これらは組合のアンケートへの組合店の回答から読み取れる。アミング潮江商店街の青空市は、毎月 1 回の開催を継続的に行っていくことを目標としているが、毎月 1 回の着実な開催が買物客に浸透してきており、継続して開催することの重要性が示唆される。上記の売り上げの好調さとともに、買物客へ浸透しリピーターが来ることが、継続して開催する動機付けにもなっているといえよう。

さらに、青空市の開催を契機に買物客の安全確保の観点から、組合が交通量調査を実施し、買物客数と自転車数の推移を把握していることである。買物客数は緊急事態宣言の発出や天候、イベントの開催といったことに大きく左右される。一方、自転車は買物目的よりも、通過交通が多いと推測された。

これらのことを踏まえ、今後の課題について考えたい。まず、歩行者数の調査結果から、来街する買物客数は、緊急事態宣言の発出やコロナの感染状況、天候に左右されている。今後のコロナの感染状況次第であるが、買物客数の多寡に左右されず、青空市を継続開催していくことが極めて重要と考えられる。また、青空市での道路占用許可の手続きの簡素化が求められているが、それを実現するためにも実績を積み重ねることが第一に重要であろう。

つぎに、高速で走行する自転車通過者の脅威から来街者が安全に安心して買物を楽しめるようにするためにどうするかである。本来、アミング潮江商店街の道路では自転車の走行が禁止されている（写真 6-3）。しかし、実際には自転車が走行しており、買い物に来た来街者が安全に安心して買い物できない状況が生じてしまっている。自転車の走行の多くは来街目的ではなく、商店街を通過していることが推測されたことから、少なくとも青空市の開催時のみでも商店街の入口に誘導員を配置し、自転車を降りて移動するよう働きかけることも必要ではないだろうか。

尼崎市は平坦な地形であり、南北の公共交通手段はバスしかないことから、自転車は市民にとって必要な交通手段である。特に未就学児童や多数の子どもをもつ親にとっては、買物の荷物もあっての来街に自転車は欠かせない。組合によれば、従前の取組みであった年 4 回の「楽市楽座」開催の際、商店街で外部からのテント出店やイベントを実施し、自転車が走りにくい環境をつくったことがあり、その日は自転車の通行量が減ることを把握している。しかし、そのために警備員を多数配置したり、テント設営をしたりと手間がかかり、一過性のイベントであるため日常の自転車の通行量は減らないという経験

写真 6-3　商店街入口の掲示板

資料：筆者撮影（2021 年 11 月 27 日）

となっていた。また、自転車の走行は歩行者優先であれば危険は低減され、歩行者が増えれば自転車の速度は低下し、通行に邪魔になる駐輪は減る現象が生じたことを確認していた。

コロナ禍により、住民の日常品日用品の買物は増え、また家族、特に子どもが終日在宅し、外食が減り家族全員で内食を取るようになり、テイクアウトとする等の需要が生まれ、トイレットペーパー等日用品消費量が増えるなどの状況を呈してきたといわれる。組合によれば、商店街の市道を活かした店頭でのオープンカフェやワゴン出店はコロナ禍以前から組合店より希望が出ていたが、市道であることやマンション管理組合との兼ね合いから、できない状況にあった。

青空市開催の経緯をみると、コロナ禍を機会に道路占用の許可が取りやすくなったことで、市道利用の動きがうまれ、開放空間での買物という買物客の要望に応え、またこの機会を活かしたコロナ禍での買物の推進を図ることにより買物客に馴染みの店としてもらい、コロナ収束後に日常での買物の推進を図ることが目論まれた。従前の経験を踏まえ、コロナ禍で始まった青空市は、一過性のイベントとして捉えるのではなく、コロナ禍収束後の日常での商店街利用の促進を視野に入れて商店街の市道を利用し、自転車との共存をも視野に含めた取組みといえよう。

尼崎市は、本章 1 節で記したように、居心地よく歩きたくなるまちなかを創出すべくウォーカブル推進都市となっている。民であるアミング潮江商店街は、コロナ禍における販売方法として青空市に取組み、その過程で道路という公共空間の活用に道路占用許可を取って着手した。これはウォーカブル推進と軌を一にしていると捉えられるが、一方で青空市開催の中で自転車の通過交通という問題に直面している。買物客が安全で安心して買物ができる状況が求められており、これはまさに居心地よく歩きたくなるまちなかを実現していく上での課題といえよう。都市再生特別措置法の改正によりウォーカブル推進のために様々な制度が用意された。課題解決に向け、官民一体となった取組みが期待される。アミング潮江商店街の青空市の取組みは始まったばかりであり、今後も引き続き注視していく。

注

1) 本章で扱う青空市はコロナ禍の2021年5月から始まったものであり、3節で記すように、青空市に参画する組合店の議論により命名されたものである。したがって、例えば近年、中村（2016）が報告した古くから行われてきた伝統的な高知県高知市の街路市（定期市）などとは異なる。また、「青空市」を扱った学術研究としては、下黒沢他（2010）による岩手県雫石町や松下他（2013）による茨城県つくば市を研究対象地域とした報告がみられるが、農業者による農産物直売を主とした活動が調査対象となっており、本章では大阪大都市圏内の既成市街地で行われていることから、これらとも異なる。
2) 組合に確認して記載した。離れた位置にも組合店があった。
3) 組合に確認して記載した。再開発後も離れた位置にも組合店があるが、青空市は図6-2北側の十字路で実施されている。
4) 参加店については、総務省（2013）の日本標準産業分類を参考とした。
5) アンケートの記入は、その月の出店の有無に係わらず参加店に求められており、出店した参加店は回答し、出店を控えた参加店も控えた理由等を回答している場合がある。12店の参加店のうち、5～7月は11店が、8月は9店が、9月は8店が、10月は9店が、11月は10店が回答している。
6) 尼崎市から最も近い大阪管区気象台の気象データとした。尼崎市環境審議会部会での資料（尼崎市環境審議会部会、2018）においては大阪管区気象台のデータが用いられている。

参考文献

尼崎市環境審議会部会　2018：「尼崎市の自然的・社会的特性」.
https://www.city.amagasaki.hyogo.jp/_res/projects/default_project/_page_/001/013/284/sankou4.pdf
（最終閲覧日：2022年2月24日）
尼崎市健康福祉局新型コロナウイルス感染症対策室　2022：「尼崎市における感染状況の分析について（過去の週報）」.
https://www.city.amagasaki.hyogo.jp/kurashi/kenko/kansensyo/1021219.html
（最終閲覧日：2022年2月24日）
尼崎市都市整備局土木部道路整備担当　2021：「居心地がよく歩きたくなる駅前空間にむけて－阪急塚口駅南駅前広場改良事業－」.

https://www.city.amagasaki.hyogo.jp/kurashi/tosi_seibi/douro/1025375.html
（最終閲覧日：2022年2月24日）
泉山塁威　2020：「ウォーカブルとパブリックスペース活用の先にある都市像ーオーストラリア・メルボルン「20分圏ネイバーフッド」と「FUTURE MELBOURNE」にみる考察ー」『新都市』，第74巻第8号，pp.27-31.
岩崎義一　2005：「工場跡地の利用と住工混在問題の変化ー尼崎市を事例としてー」『大阪工業大学紀要理工篇』，第50巻第1号，pp.111-127.
加藤恵正・森　信之　1987：「尼崎市工業の下請・外注関係の構造」『日本都市学会年報』，第20巻，pp.19-32.
気象庁　2022a：「大阪　日平均気温の月平均値（℃）」.
http://www.data.jma.go.jp/obd/stats/etrn/view/monthly_s3.php?prec_no=62&block_no=47772&year=&month=&day=&view=a1
（最終閲覧日：2022年2月24日）
気象庁　2022b：「大阪　日最高気温の月平均値（℃）」.
http://www.data.jma.go.jp/obd/stats/etrn/view/monthly_s3.php?prec_no=62&block_no=47772&year=&month=&day=&view=a2
（最終閲覧日：2022年2月24日）
気象庁　2022c：「大阪　日最低気温の月平均値（℃）」.
http://www.data.jma.go.jp/obd/stats/etrn/view/monthly_s3.php?prec_no=62&block_no=47772&year=&month=&day=&view=a3
（最終閲覧日：2022年2月24日）
木田清和　2006：「尼崎市の商業立地政策」，矢作弘・瀬田史彦編『中心市街地活性化三法改正とまちづくり』，学芸出版社，pp.94-104.
国土交通省都市局街路交通施設課　2021：「ウォーカブル推進都市一覧（令和3年6月30日時点）」.
https://www.mlit.go.jp/toshi/content/001420516.pdf
（最終閲覧日：2021年11月27日）
下黒沢朝光・広田純一・三宅　諭　2010：「来場者と出店者にとっての青空市の意義ーしずくいし軽トラック市を事例としてー」『農村計画学会誌』，第29巻（Special Issue），pp.209-214.
新庄　勉　2021：「JR尼崎駅周辺地域における土地利用の変化に伴う都市再生の課題」『都市地理学』，第16巻，pp.70-82.
杉村暢二　1987：「尼崎市の商業地域の機能と活性化ー川崎市との比較からー」『日本都市学会年報』，第20巻，pp.3-18.

鈴木美央　2020：「まちにマーケットが必要な理由をウォーカブルとCOVID-19から考える」『新都市』，第74巻第8号，pp.32-37.
総務省　2013：「日本標準産業分類（平成25年10月改定）（平成26年4月1日施行）一分類項目名一」.
https://www.soumu.go.jp/toukei_toukatsu/index/seido/sangyo/02toukatsu01_03000044.html
（最終閲覧日：2022年2月24日）
中村　努　2016：「高知県高知市における街路市の展開と流通システムの空間特性」『E-journal GEO』，第11巻第1号，pp.21-39.
日本気象協会　2022：「大阪（大阪府）の過去の天気」.
https://tenki.jp/past/2022/02/weather/6/30/
（最終閲覧日：2022年2月24日）
松下秀介・糸井裕香・櫻井清一　2013：「青空市のローカル・フードシステムへの貢献に関する一考察一茨城県「つくいち」を事例に一」『筑波大学農林社会経済研究』，第29巻，pp.19-32.

第7章

福島バルの期間延伸による開催（大阪市福島区）

1. はじめに

「近畿バルサミット」において、大阪府内で最も早い時期より継続開催している大阪市福島区の実行委員長から、同区で実施されている「野田バル」と「福島バル」は別々に実施し、一度合体して実施し、その後再度別々に実施しているとの情報を得た。また、大阪市中央区の北船場と同様に、大阪市福島区でも地域のイメージアップを進めているとの発言があった。そこで本章では、既成市街地に位置付けられる大阪市福島区を研究対象地域とし、同区で実施されている「野田バル」と「福島バル」の開催経過と実施範囲の変遷を把握するとともに、バルイベントの継続開催に伴うイメージアップの取組みを把握することを目的とする。くわえて、大阪市福島区では、2020年に従前と比較して開催期間を延伸することによって「福島バル」を開催するとの情報を得た。その開催に至る経過や状況について明らかにする。

大阪市福島区は、北区、中央区、西区、浪速区、天王寺区とならぶ「大阪都心6区」の1つであり、中心業務地区である梅田のすぐ隣に位置する周辺業務地区と考えられる（図7-1）。大阪市福島区役所（2017）によれば、福島区（4.67㎢）は、北に新淀川、南は堂島川・安治川に面し、大阪市の西北部に位置し、区内に九つの駅を有し、市内中心部への、また、神戸方面への交通の要衝となっているとしている。福島区の鉄道や道路などの状況を図7-2に、国勢調査による福島区の人口の推移を図7-3にそれぞれ示す。2000年以降、都心回帰により、人口が急増している。

小田（2009）は、大正期以降、旧市街地に接続する福島区や此花区のある西大阪方面は工業化を牽引力として大きく変貌したとしている。現在の福島区西部から此花区東部は明治末期から大正初年のころにかけて水田や畑地から工場や住宅地へと大きな土地利用の変遷があり、それがこの時期に進展した工都大阪の繁栄を支える一つの大きな柱となっていた（小田、2009）。Fujitsuka（2015）は、福島区を事例地域として、脱成長社会におけるジェントリフィケーションがどのような影響を及ぼすかを検討した。その結果、脱成長社会において都市景観の重要性、高齢社会への適応の必要性が認識されているが、福島区において工場跡地などに規制緩和により建設された高層住宅は都市景観資源や歴史的な低層の町並みに調和しないこと、それらの住宅の居住者の多くは若年層であり高齢者は少ないことを指摘している（Fujitsuka, 2015）。また、稲垣（2016）は、国勢調査をもとに、福島区居住者全体の従業地構成の変化を分析した結果、職住分離がすすんでいることを明らかにし、その要因として、自営業者の職住関係の変化と、若年層や分譲マンション居住者の大阪市外への通勤者割合が高いことを指摘している。このように、近年、福島区は大きく変貌

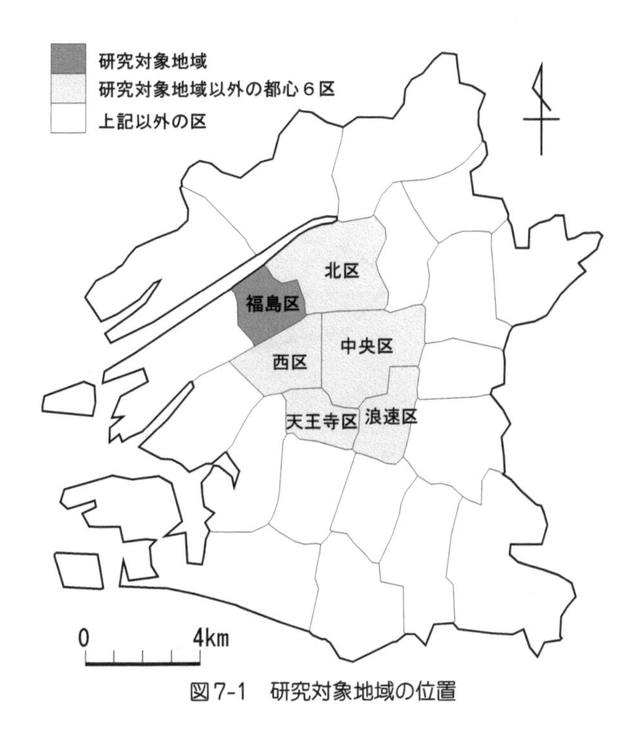

図7-1　研究対象地域の位置

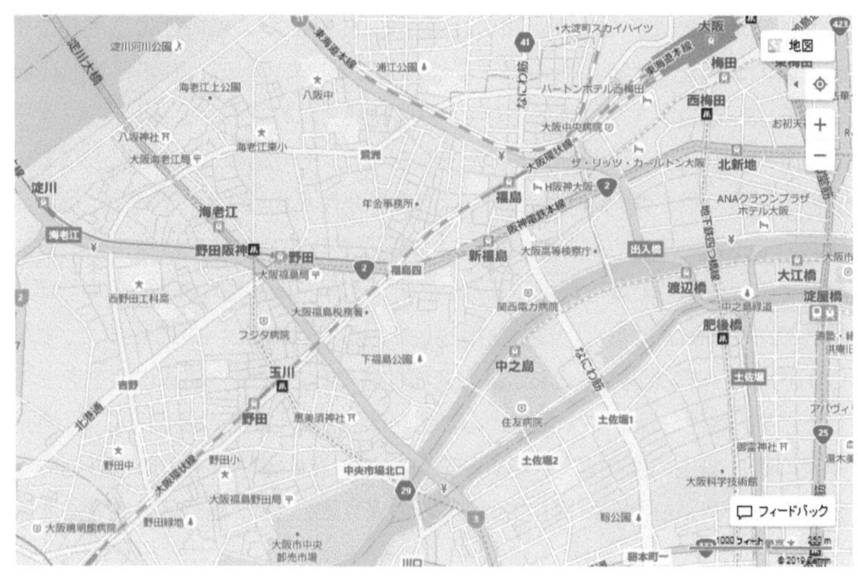

図7-2　研究対象地域

資料：Microsoft「Bing Maps」により作成

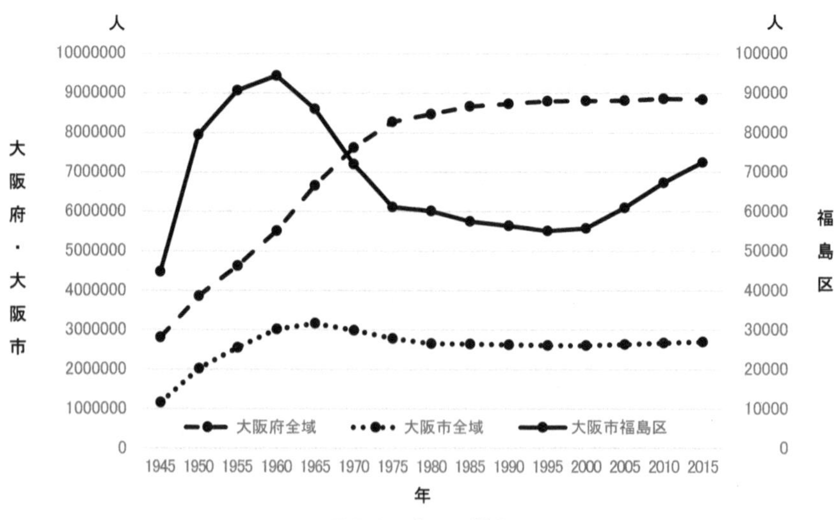

図7-3　人口の推移

資料：国勢調査各年により作成

してきており、新しい住民が増加してきている特徴があり、上記の実行委員長のバルイベント開催によるイメージアップの狙いが理解される。

バルイベントはアルコールを扱うイベントである。2019年7月に、ジェイン他(2019)『アルコールと酔っぱらいの地理学　秩序ある／なき空間を読み解く』(杉山他訳) が刊行された。同書では、欧米における酒・飲酒・酩酊に関するこれまでのアルコール・スタディーズは、社会科学また医科学において健康や社会問題の病理として、あるいは、社会的・文化的実践として研究されてきたものの、異なるアプローチ間の対話に乏しく、「存在論的・認識論的袋小路」に突っ込んでいたとした上で、地理学による知見が報告されている。同書の第1章「都市」では、18世紀後半から現代にいたるまで、飲酒の実践とそれに関連づけられた立法、政策、取り締まり上の戦略が、どのようにして構造的な都市の変化と結びつけられてきたのか、そして、アルコールが、どのように社会的もしくは医学的な問題として概念化され、都市生活の社会的・文化的な実践において必要不可欠の要素としてみなされてきたのかを探求している。杉山・二村 (2017) は、英語圏人文地理学における「酒精・飲酒・酩酊」に関する研究動向を報告し、日本における今後の事例研究に向けて課題を提起している。これによれば、日本の地理学においても、アルコールと関連づけて飲食街、繁華街、盛り場あるいは余暇空間を論じる研究が一定数発表されてきたとし、公共空間における飲酒規範の社会史の究明は極めて地理学的な課題といえるとしている (杉山・二村、2017)。バルイベントはまちなかという公共空間で開催され、バルイベントの参加者は飲酒しながらまちなかを回遊行動する。日本におけるアルコール・スタディーズを展開していく必要性の観点からも地理学的なアプローチが必要とされよう[1)]。

バルイベントの実施状況を把握するため、2018年4月28日と2019年4月20日に「野田バル」の、2018年6月9日と2018年11月17日に「福島バル」の現地調査をそれぞれ行った。2019年4月4日に、実施主体である元気なお店創造委員会事務局にヒアリングを行い、バルイベント実施のきっかけや運営方法について把握した。その際に、同事務局から、第1回から直近までのバルマップの提供を受け、参加店舗数やバルイベント実施範囲の推移を把握した。これらより得た情報からバルイベントを継続開催していく上での運営方法の変遷について考察を行う。

つぎに、2019年4月4日の元気なお店創造委員会事務局へのヒアリングの際に、同委員会あるいはバルイベントの取組みから派生した団体が実施あるいは参画するイベントに関する情報を得た。そのうちの一つである2019年7月7日に開催された「ふくしまてんこもり2019」の現地調査を行った。この現地調査の際、同事務局と福島区の区長にヒアリングを行った。これに関連して、バルイベントを継続的に開催する効果をみるため、バルイベント各回の後援・協力・協賛の状況を把握した。これらより得た情報からバルイベントの継続開催による他の地域活性化事業への参画状況をみることとする。

くわえて、コロナ禍の状況については、2020年春は新型コロナウイルスの影響から開催を見合わせていた。2020年10月20日に「福島バル」が1年ぶりに開催するとの情報を得て、2020年10月26日に「福島バル」の実施主体である元気なお店創造委員会事務局へのメールによる聞き取りを行った。また、2020年11月14日に現地調査を行った。さらに、2020年11月26日に「福島バル」の実施結果についてメールによる聞き取りを行った。

2. 「野田バル」「福島バル」の継続開催

(1) バルイベントの開催状況

まず、福島区におけるバルイベントの開催状況をみよう(表7-1)。福島区で先行して実施されたのは野田地区の「野田バル」である。「野田バル」は、2011年5月28日に第1回が開催され、以降概ね年2回開催され、2019年4月20日に第16回が開催されている。ついで福島地区の「福島バル」は約半年遅い2011年11月5日に第1回が開催されている。「福島バル」は第1回の開催以降年2回開催され、2019年6月1日に第16回が開催されている。「野田バル」と「福島バル」はいずれも16回の開催に至っているが、この間、2013年5月25日、2013年10月26日、2014年5月18日の3回は、「野田・福島合体バル」として同日に広域開催されている。

表7-1　バルイベントの開催経過

野田バル		野田・福島合体バル		福島バル	
回	年月日	回	年月日	回	年月日
1	2011年　5月28日			1	2011年11月　5日
2	2011年10月15日			2	2012年　5月12日
3	2012年　3月17日			3	2012年11月17日
4	2012年　9月　1日			(4)	(2013年　5月25日)
(5)	(2013年　5月25日)	1	2013年　5月25日	(5)	(2013年10月26日)
(6)	(2013年10月26日)	2	2013年10月26日	(6)	(2014年　5月18日)
(7)	(2014年　5月18日)	3	2014年5月18日	7	2014年10月11日
8	2014年10月25日			8	2015年　5月16日
9	2015年　6月27日			9	2015年10月24日
10	2015年11月28日			10	2016年　5月21日
11	2016年　4月23日			11	2016年10月22日
12	2016年　9月28日			12	2017年　6月　3日
13	2017年　4月22日			13	2017年11月18日
14	2017年　9月23日			14	2018年　6月　9日
15	2018年　4月28日			15	2018年11月17日
16	2019年　4月20日			16	2019年　6月　1日

資料：バルガイドマップにより作成

(2)　バルイベントの実施範囲の推移

つぎに、「野田バル」「福島バル」「野田・福島合体バル」の実施範囲をみることにする。実施範囲について、「野田バル」は図7-4に、「福島バル」は図7-5に、「野田・福島合体バル」は図7-6にそれぞれ示す。なお、実施範囲の推移をみるため、図7-4および図7-5には「野田・福島合体バル」開催時の当該地域のマップを含める。

図7-4をみると、「野田バル」は第1回、第2回、第5回にあたる「野田・福島合体バル」の第1回、再びそれぞれの開催に戻った第8回を見ても実施範

第1回

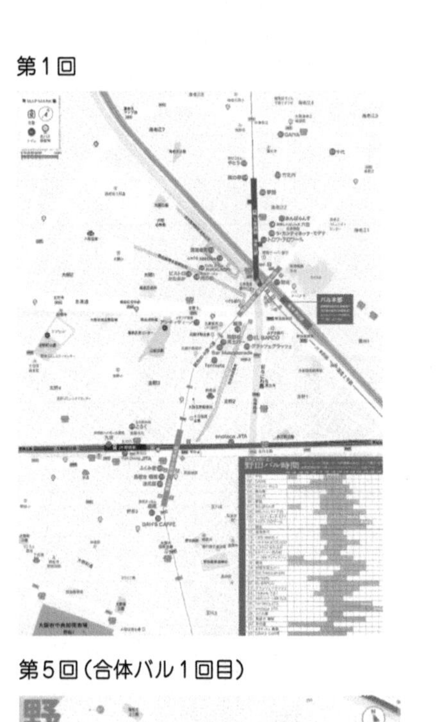

第2回

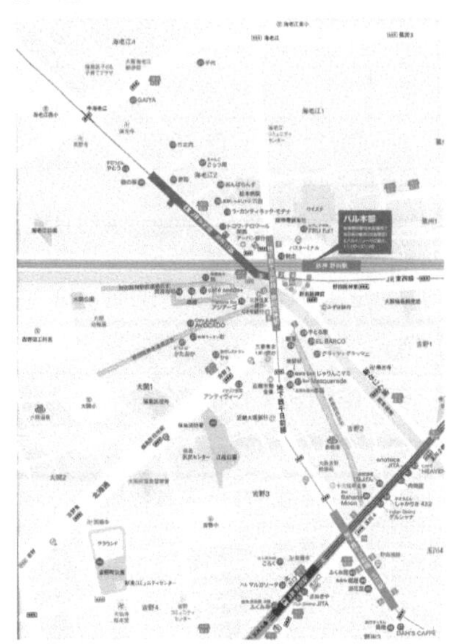

第5回（合体バル1回目）

第8回

図7-4　「野田バル」のイベント実施範囲の推移

資料：各回バルガイドマップより引用

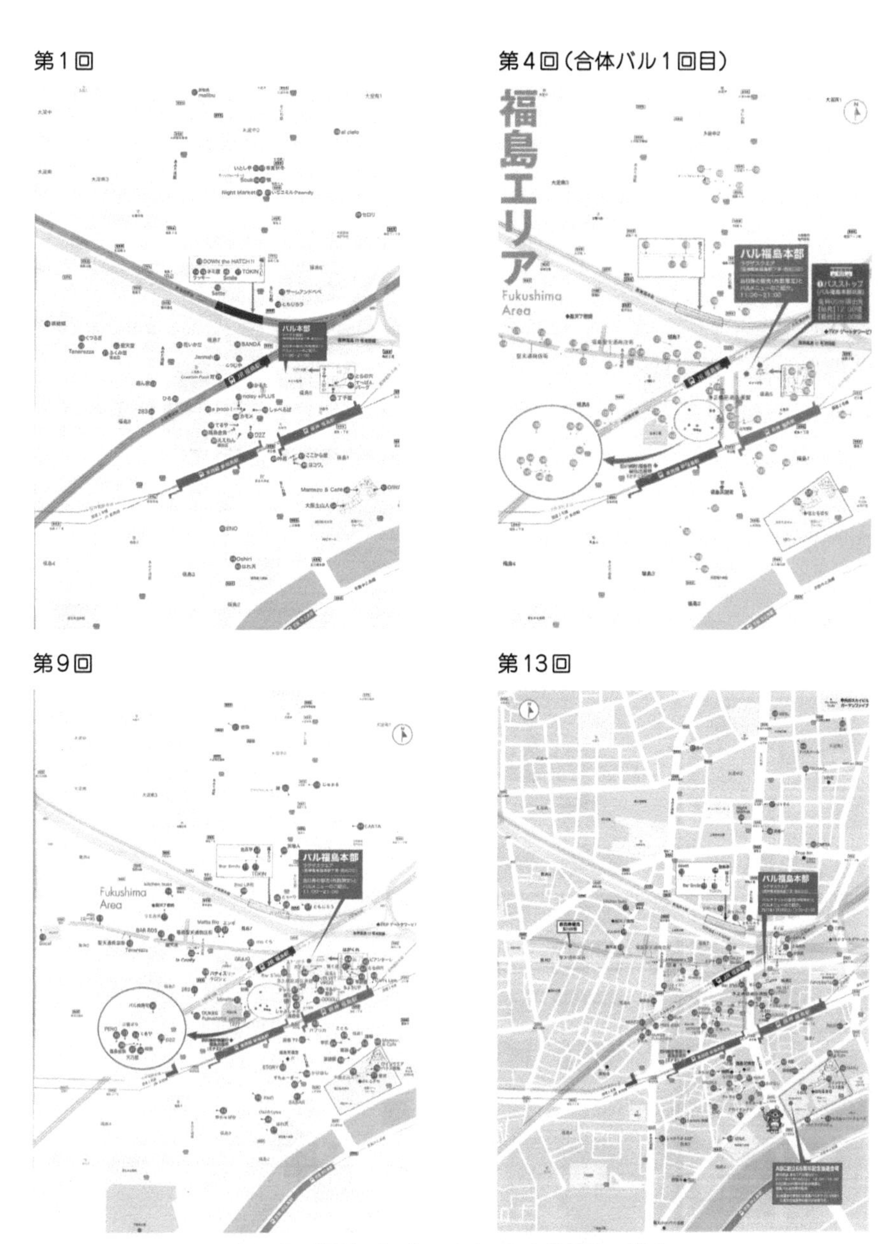

図7-5　「福島バル」のイベント実施範囲の推移

資料：各回バルガイドマップより引用

囲に変化はない。一方、図 7-5 をみると、「福島バル」は第 1 回、「福島バル」の第 4 回にあたる「野田・福島合体バル」の第 1 回を見ても実施範囲に変化はない。しかし、再びそれぞれの開催に戻って以降の第 9 回、第 13 回を見ると実施範囲が少し北側に拡大している。

ここで、図 7-6 の「野田・福島合体バル」の実施範囲をみると、第 1 回から第 4 回までの「野田バル」の実施範囲と第 1 回から第 3 回までの「福島バル」のそれとを単純につなげたものであり、従来の 2 つの地区の実施範囲を同時に開催した状況になっている。このことから、参加者の東西方向への移動の利便性を確保するため、バルイベント用の臨時巡回バスが主催者により運行されている。

両バルイベントの実施範囲の鉄道各駅の 1 日乗降客数を表 7-2 に示す。「野田バル」の実施範囲には 5 駅あるが、駅名は異なるものの JR の海老江駅、阪

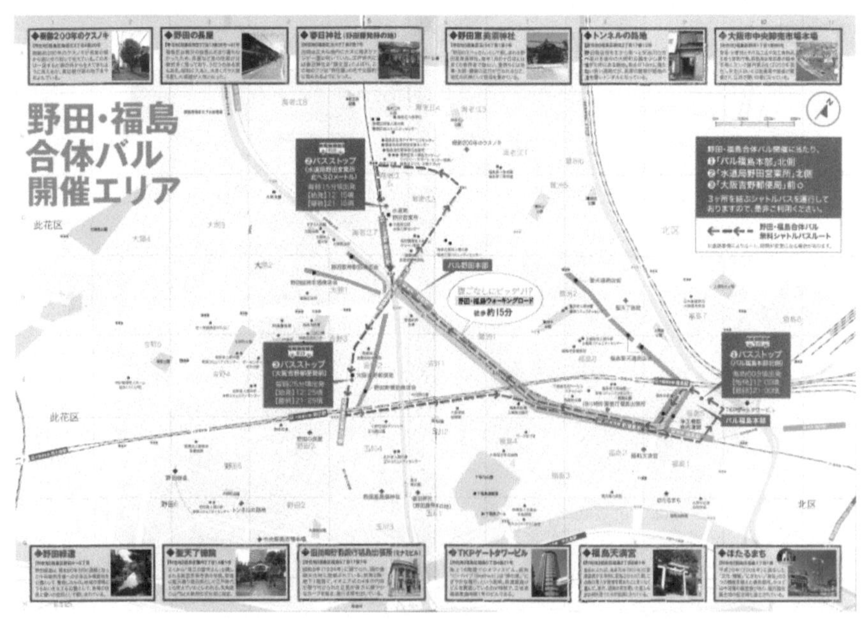

図7-6 「野田・福島合体バル」のイベント実施範囲

資料：バルガイドマップ（2013年5月）より引用
※「野田バル」の第5回、「福島バル」の第4回にあたる

神の野田駅、Osaka Metroの野田阪神駅は近接し乗換駅である。また、JRの野田駅とOsaka Metroの玉川駅は近接し乗換駅である。5駅全ての1日乗降客数を合計すると、約8万1千人となる。一方、「福島バル」の実施範囲には3駅あるが、それぞれ徒歩数分程度しか離れていない。3駅全ての1日乗降客数を合計すると、約4万7千人となる。両バルイベントの実施範囲の鉄道各駅の利用者は多く、両バルイベントは集客しやすい地域で実施されているといえよう。

表7-2 研究対象地域内の駅1日乗降客数（2015年度）

地区	会社名	線名	駅名	1日乗降客数（人）
野田バル	JR	大阪環状線	野田	11,823
		東西線	海老江	11,035
	阪神	本線	野田	23,582
	Osaka Metro	千日前線	野田阪神	25,161
		千日前線	玉川	9,799
福島バル	JR	大阪環状線	福島	26,905
		東西線	新福島	9,368
	阪神	本線	福島	10,947

資料：大阪府統計年鑑（2016）により作成

(3) バルマップの仕様の変遷

つぎに、「野田バル」「福島バル」「野田・福島合体バル」のバルマップの仕様の変遷をみよう。「野田バル」のバルマップの仕様の変遷を表7-3に、「福島バル」のそれを表7-4にそれぞれ示した。「野田バル」のバルマップは3回の「野田・福島合体バル」を除き、全てマップ型である。第1回は開いた大きさがA3の用紙に両面印刷したもので、3回折って、たて140mm、よこ148mmの正方形に近いコンパクトなものである。マップの大きさは片面、すなわちA3の大きさ全面となっている。第2回から第4回は開いた大きさがA2の用紙に両面印刷したもので、4回折って、たて140mm、よこ148mmとするもので、折りたたんだ大きさは第1回と同じである。マップの大きさは、第2回がたて420mm、よこ445mmと大きくなり、第3回ではたて594mm、よこ420mmと最も大きくなっているが、第4回では第2回の大きさに戻っている。第5回から第7回は「野田・福島合体バル」であり、後述する。第8回目以降は、開いた大きさがA2の用紙に両面印刷したもので、4回折って、たて210mm、よこ148mmとした長方形で、折りたたんだ大きさは第1〜4回よりやや大きい。マップの大きさは片面の半分を用いA3となっている。「福島バル」のバルマップは3回の「野田・福島合体バル」を除き、全てマップ型である。第1回から第3回は「野田バル」の第2回と同じ仕様である。第4回から第6回は「野田・福島合体バル」であり、後述する。第7回以降は「野田バル」の第8回以降と同様である。「野田・福島合体バル」はブック型で、B5サイズの20ページの冊子となっている。マップの大きさは、B5サイズのたて257mm、よこ182mmとなっている。このように、「野田バル」の初期に若干試行錯誤がみられるが、「野田バル」の第8回以降、「福島バル」の第7回以降は一定している。

表7-3 「野田バル」のバルマップの変遷

回	第1回	第2回	第3回	第4回	第5回〜第7回	第8回〜第16回
形　式	マップ型	マップ型	マップ型	マップ型	ブック型	マップ型
開いた大きさ	A3 たて297mm× よこ420mm	A2 たて420mm× よこ594mm	A2 たて420mm× よこ594mm	A2 たて420mm× よこ594mm	B4 たて257mm× よこ364mm	A2 たて420mm× よこ594mm
折り畳んだ（閉じた）大きさ	3回折 たて140mm× よこ148mm	4回折 たて140mm× よこ148mm	4回折 たて140mm× よこ148mm	4回折 たて140mm× よこ148mm	B5 たて257mm× よこ182mm	4回折 たて210mm× よこ148mm
ページ数	−	−	−	−	20	−
マップの大きさ	たて420mm× よこ297mm	たて420mm× よこ445mm	たて594mm× よこ420mm	たて420mm× よこ445mm	たて257mm× よこ182mm	たて420mm× よこ297mm
参加店舗数	32	47	62	79	64〜70	41〜60
備　考					野田・福島合体バル	

資料：各回バルガイドマップにより作成

表7-4 「福島バル」のバルマップの変遷

回	第1回～第3回	第4回～第6回	第7回～第16回
形　式	マップ型	ブック型	マップ型
開いた大きさ	A2 たて420mm× よこ594mm	B4 たて257mm× よこ364mm	A2 たて420mm× よこ594mm
折り畳んだ（閉じた）大きさ	4回折 たて140mm× よこ148mm	B5 たて257mm× よこ182mm	4回折 たて210mm× よこ148mm
ページ数	－	20	－
マップの大きさ	たて420mm× よこ445mm	たて257mm× よこ182mm	たて420mm× よこ297mm
参加店舗数	51～75	66～75	67～80
備　考		野田・福島合体バル	

資料：各回バルガイドマップにより作成

⑷ バルイベントへの参加飲食店数の推移

つぎに、「野田バル」「福島バル」「野田・福島合体バル」のバルイベントへの参加飲食店数の推移をみたのが図7-7である。「野田バル」の第1回の参加飲食店数は32軒であったが、第2回に47軒、第3回に62軒と増加し、第4回にあたる「野田・福島合体バル」の第1回目で79軒までになっている。この回をピークに以降は、徐々に参加飲食店数は減少し、第10回以降は40軒台で推移しており、第16回は最も少ない41軒となっている。一方、「福島バル」の第1回の参加飲食店数は51軒であったが、第2回には75軒となり、第6回、第11回、第12回が60軒台であったが、それ以外は70軒を超えて推移し、第14回には80軒が参加するに至っている。「野田バル」の参加飲食店数の推移と「福島バル」のそれとでは、傾向が異なっている。

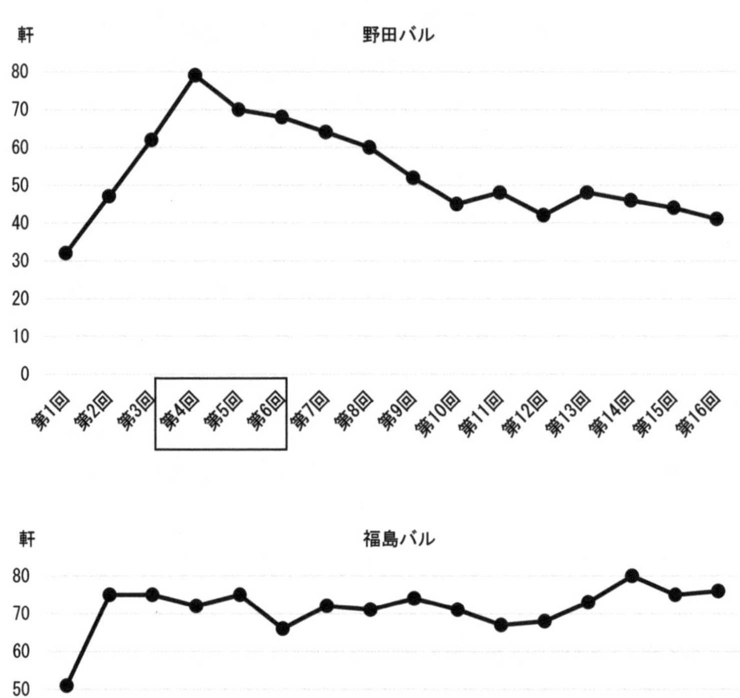

図7-7　バルイベントへの参加飲食店数の推移

資料：各回バルガイドマップにより作成
※回の枠は「野田・福島合体バル」による開催

(5)　チケット価格の推移

つぎに、「野田バル」「福島バル」「野田・福島合体バル」のチケット価格の推移をみることとする（表 7-5）。「野田バル」では 3 回の「野田・福島合体バル」を含む第 1 回から第 8 回までは 5 枚綴りのチケットが前売りで 3,000 円、当日が3,500円で販売された。その後、第9回と第10回は、4枚綴りのチケットとなり、前売りで2,600円、当日が3,000円で販売された。さらにその後、第11回から第16回は、5枚綴りのチケットとなり、前売りで3,100円、当日が3,600円で販売された。「福島バル」では3回の「野田・福島合体バル」を含む第1回から第7回までは5枚綴りのチケットが前売りで3,000円、当日が3,500円で販売された。その後、第8回と第9回は、4枚綴りのチケットとなり、前売りで2,600円、当日が3,000円で販売された。さらにその後、第10回から第16回は、5枚綴りのチケットとなり、前売りで3,100円、当日が3,600円で販売された。このように、「野田バル」「福島バル」ともにほぼ同様のチケット価格で推移している。チケット1枚あたりの価格にすると、前売りだと600円から650円になり、620円になっている。当日だと700円から750円になり、720円になっている。

表7-5 「野田バル」「福島バル」のチケット価格の推移

(円)

野田バル	回	第1回～第8回	第9回～第10回	第11回～第16回
	前売り券	5枚綴り　3,000	4枚綴り　2,600	5枚綴り　3,100
	当日券	5枚綴り　3,500	4枚綴り　3,000	5枚綴り　3,600
福島バル	回	第1回～第7回	第8回～第9回	第10回～第16回
	前売り券	5枚綴り　3,000	4枚綴り　2,600	5枚綴り　3,100
	当日券	5枚綴り　3,500	4枚綴り　3,000	5枚綴り　3,600

資料：各回バルガイドマップにより作成

(6) 運営方法の推移からみた継続開催していく上での実施範囲に関する示唆

以上のように、「野田バル」と「福島バル」は実施範囲やチケット価格を適宜修正しながら、いずれも16回の開催に至っている。「野田バル」と「福島バル」の主催はいずれも元気なお店創造委員会となっており同一であり、大阪市福島区に所在する㈱MAKE LINE内に置かれている。同委員会の川合善博委員長にヒアリングを行った。川合善博委員長は福島区の出身で、外資系広告代理店を経て、㈱MAKE LINEを設立している。同区の区政会議の委員を2017年10月から務めている。同委員長によれば、同区の地域活性化のため、また同区のイメージ向上のために何かを行おうと考えていたところ、「函館西部地区バル街」や「伊丹まちなかバル」が成功しているのを見て、大阪府内で1番初めに実施しようと考えたとのことであった。また、福島区で実施するにあたっては、飲食店が増加している福島地区より先に野田地区で実施することを考えたとのことであった。筆者が現地調査を行った際の感想として、「野田バル」と「福島バル」のいずれもが、参加者も参加飲食店もバルイベントだからという気負いがなく、淡々とイベントが進められている印象であったことを尋ねたところ、同委員長からは初詣や祭りと同じように、毎年同じ時期に「野田バル」や「福島バル」を開催していくことが重要と考え実践してきており、そのことがまちづくりに繋がると考えているとのことであった。

ついで、実施範囲の変化の理由について尋ねたところ、同委員長からは「野田・福島合体バル」では、参加者が野田地区と福島地区を行き来する負担があること、100軒を超える参加飲食店がある状況で主催者として2つの地域を同時にコントロールすることが大変であったことを考慮し、「野田バル」と「福島バル」を別々に開催する形に戻したとのことであった。また、「福島バル」は、少しずつやや北側に実施範囲を拡大させることで、南北間での回遊を誘導することを意図しているとのことであった。本事例は、バルイベントの継続的な開催を容易にする上で、参加者が参加しやすく、主催者がコントロールしやすい実施範囲に関して示唆を与えるものと考えられる。

なお、チケット枚数の変化と価格の推移について、同委員長によれば、第9回および第10回で4枚綴りにしてチケット価格を上げたことにより、利用者から従来の5枚綴りでは、4軒はお酒とつまみ、最後の5軒目にスィーツに行っていたのが、4枚綴りになり行けなくなったなどの声があったとのことや、参加飲食店が、1枚あたりの価格が1,000円に近づいたことにより、普段と比べてお得感のあるバルメニューを提供することにプレッシャーを感じたこと[2)]等から、元の価格に近い状態に戻したとのことである。

3. 他の地域活性化事業への関与

(1) バルイベント開催にあたっての後援・協力・協賛の状況

前章のとおり、「野田バル」は大阪府内で最も早い時期より継続開催している。「福島バル」はその半年後に開催し、継続開催している。「函館西部地区バル街」や「伊丹まちなかバル」が成功していたとはいえ、当初はまだそれほどバルイベントそのものの認知度は必ずしも高くはなかった頃であろう。そこで、まず、「野田バル」や「福島バル」への後援・協力・協賛などをどのような組織が行っているかを見ていくこととする[3)]。

「野田バル」の後援・協力・協賛の変遷を表7-6に、「福島バル」のそれを表7-7にそれぞれ示した。「野田バル」の第1回では、後援と協賛は無く、協力が福島区役所、阪神電気鉄道㈱、野田地区の3商店街となっている。続く「野田バル」の第2回では、後援と協賛は無く、協力が福島区役所、阪神電気鉄道㈱、福島区商店街連盟、劇団銀河となっている。その直後に行われた「福島バル」の第1回も、「野田バル」の第2回と同様に協力が福島区役所、阪神電気鉄道㈱、福島区商店会連盟、劇団銀河となっている。この初期の段階で協力が福島区役所、阪神電気鉄道㈱に加え、商店街が野田地区だけでなく、区内全域の商店会連盟となったことが伺える。「野田バル」の第3回と第4回では、協力が福島区役所、阪神電気鉄道㈱、福島区商店会連盟と阪急阪神ビルマネジメントとなる。

一方の「福島バル」は第2回で協力が福島区役所、阪神電気鉄道㈱、福島区商店会連盟、阪急阪神ビルマネジメントに商業施設である堂島クロスウォークが加わるとともに、協賛でビールメーカー大手2社が加わる。「福島バル」の第3回では、協力に変化はないものの、協賛の2社は外れている。その後の3回にわたる「野田・福島合体バル」になると、協力にわずかな変化はあるものの、急激に協賛が増加する。協力から協賛にまわった阪急阪神ビルマネジメントに加え、野田地区と福島地区のそれぞれに立地するホテル2社とビールメーカー大手4社、飲食業サポート会社1社が加わる。この枠組みが「野田・福島合体バル」で3回続き、その後も「野田バル」の第8回と「福島バル」

表7-6 「野田バル」の後援・協力・協賛の変遷

回	1	2	3	4	5	6	7	8
後援	なし	なし	なし	なし	なし	なし	なし	なし
協力	福島区役所 阪神電気鉄道㈱ 野田阪神駅前商店街 野田阪神本通商店街 野田新橋筋商店街	福島区役所 阪神電気鉄道㈱ 福島区商店会連盟 劇団銀河	福島区役所 阪神電気鉄道㈱ 阪急阪神ビルマネジメント㈱ 福島区商店会連盟	福島区役所 阪神電気鉄道㈱ 阪急阪神ビルマネジメント㈱ 福島区商店会連盟	福島区役所 阪神電気鉄道㈱ 堂島クロスウォーク 福島区商店会連盟	福島区役所 阪神電気鉄道㈱ 堂島クロスウォーク 福島区商店会連盟 グランダ野田 じょり・ふぃーゆ	福島区役所 阪神電気鉄道㈱ 堂島クロスウォーク 福島区商店会連盟 グランダ野田	福島区役所 阪神電気鉄道㈱ 堂島クロスウォーク 福島区商店会連盟
協賛	なし	なし	なし	なし	阪急阪神ビルマネジメント㈱ ホテル阪神 東横イン大阪JR野田駅前 FOR-RESTホールディングス アサヒビール㈱ キリンビールマーケティング㈱ サッポロビール㈱ サントリービア&スピリッツ㈱	阪急阪神ビルマネジメント㈱ ホテル阪神 東横イン大阪JR野田駅前 FOR-RESTホールディングス アサヒビール㈱ キリンビールマーケティング㈱ サッポロビール㈱ サントリービア&スピリッツ㈱	阪急阪神ビルマネジメント㈱ ホテル阪神 東横イン大阪JR野田駅前 FOR-RESTホールディングス アサヒビール㈱ キリンビールマーケティング㈱ サッポロビール㈱ サントリービア&スピリッツ㈱	阪急阪神ビルマネジメント㈱ ホテル阪神 東横イン大阪JR野田駅前 FOR-RESTホールディングス アサヒビール㈱ キリンビールマーケティング㈱ サッポロビール㈱ サントリービア&スピリッツ㈱

回	9	10	11	12	13	14	15	16
後援	なし	福島区役所	福島区役所	福島区役所	福島区役所	福島区役所	福島区役所	福島区役所
協力	福島区役所 福島区商店会連盟 阪神電気鉄道㈱	福島区商店会連盟 阪神電気鉄道㈱	福島区商店会連盟 阪神電気鉄道㈱	福島区商店会連盟 阪神電気鉄道㈱	大阪福島ライオンズクラブ 福島区商店会連盟 阪神電気鉄道㈱	福島区商店会連盟 阪神電気鉄道㈱	大阪福島ライオンズクラブ 福島区商店会連盟 阪神電気鉄道㈱	大阪福島ライオンズクラブ 福島区商店会連盟 阪神電気鉄道㈱
協賛	東横イン大阪JR野田駅前 FOR-RESTホールディングス アサヒビール㈱ キリンビールマーケティング㈱ サッポロビール㈱ サントリービア&スピリッツ㈱	東横イン大阪JR野田駅前 FOR-REST㈱ アサヒビール㈱ キリンビールマーケティング㈱ サッポロビール㈱ サントリー酒類㈱	東横イン大阪JR野田駅前 FOR-REST㈱ アサヒビール㈱ キリンビールマーケティング㈱ サントリー酒類㈱	東横イン大阪JR野田駅前 FOR-REST㈱ アサヒビール㈱ キリンビールマーケティング㈱ サントリー酒類㈱ オタフクソース㈱	東横イン大阪JR野田駅前 FOR-REST㈱ アサヒビール㈱ キリンビール㈱ サントリー酒類㈱ オタフクソース㈱	東横イン大阪JR野田駅前 FOR-REST㈱ アサヒビール㈱ キリンビール㈱ サントリー酒類㈱ オタフクソース㈱	FOR-REST㈱ アサヒビール㈱ キリンビール㈱ サントリー酒類㈱ オタフクソース㈱	FOR-REST㈱ アサヒビール㈱ キリンビール㈱ サントリー酒類㈱ オタフクソース㈱ 梅田スカイビル・空中庭園展望台 一本松海運㈱

資料：バルガイドマップにより作成
※太枠は「野田・福島合体バル」

表7-7 「福島バル」の後援・協力・協賛の変遷

回	1	2	3	4	5	6	7	8
後援	なし	なし	なし	なし	なし	なし	なし	なし
協力	福島区役所 阪神電気鉄道㈱ 福島区商店会連盟 劇団銀河	福島区役所 阪神電気鉄道㈱ 阪急阪神ビルマネジメント㈱ 堂島クロスウォーク 福島区商店会連盟	福島区役所 阪神電気鉄道㈱ 阪急阪神ビルマネジメント㈱ 堂島クロスウォーク 福島区商店会連盟	福島区役所 阪神電気鉄道㈱ 堂島クロスウォーク 福島区商店会連盟	福島区役所 阪神電気鉄道㈱ 堂島クロスウォーク 福島区商店会連盟 グランダ野田 じょり・ふぃーゆ	福島区役所 阪神電気鉄道㈱ 堂島クロスウォーク 福島区商店会連盟 グランダ野田	福島区役所 阪神電気鉄道㈱ 堂島クロスウォーク 福島区商店会連盟	福島区役所 阪神電気鉄道㈱ 堂島クロスウォーク 福島区商店会連盟
協賛	なし	キリンビール㈱ サントリービア&スピリッツ㈱	なし	阪急阪神ビルマネジメント㈱ ホテル阪神 東横イン大阪JR野田駅前 FOR-REST ホールディングス アサヒビール㈱ キリンビールマーケティング㈱ サッポロビール㈱ サントリービア&スピリッツ㈱	阪急阪神ビルマネジメント㈱ ホテル阪神 東横イン大阪JR野田駅前 FOR-REST ホールディングス アサヒビール㈱ キリンビールマーケティング㈱ サッポロビール㈱ サントリービア&スピリッツ㈱	阪急阪神ビルマネジメント㈱ ホテル阪神 東横イン大阪JR野田駅前 FOR-REST ホールディングス アサヒビール㈱ キリンビールマーケティング㈱ サッポロビール㈱ サントリービア&スピリッツ㈱	阪急阪神ビルマネジメント㈱ ホテル阪神 東横イン大阪JR野田駅前 FOR-REST ホールディングス アサヒビール㈱ キリンビールマーケティング㈱ サッポロビール㈱ サントリービア&スピリッツ㈱	阪急阪神ビルマネジメント㈱ ホテル阪神 FOR-REST ホールディングス アサヒビール㈱ キリンビールマーケティング㈱ サッポロビール㈱ サントリービア&スピリッツ㈱

回	9	10	11	12	13	14	15	16
後援	福島区役所	福島区役所	福島区役所	福島区役所	福島区役所	福島区役所	福島区役所	福島区役所
協力	阪神電気鉄道㈱ 堂島クロスウォーク 福島区商店会連盟	阪神電気鉄道㈱ 堂島クロスウォーク 福島区商店会連盟	阪神電気鉄道㈱ 堂島クロスウォーク 福島区商店会連盟	阪神電気鉄道㈱ 朝日放送㈱ 堂島クロスウォーク 福島区商店会連盟	阪神電気鉄道㈱ 朝日放送㈱ 堂島クロスウォーク 福島区商店会連盟	阪神電気鉄道㈱ 朝日放送㈱ 堂島クロスウォーク 福島区商店会連盟	阪神電気鉄道㈱ 朝日放送グループホールディングス㈱ 堂島クロスウォーク 福島区商店会連盟	阪神電気鉄道㈱ 朝日放送グループホールディングス㈱ 堂島クロスウォーク 福島区商店会連盟 福島食楽部
協賛	阪急阪神ビルマネジメント㈱ ホテル阪神 FOR-REST ホールディングス アサヒビール㈱ キリンビールマーケティング㈱ サッポロビール㈱ サントリービア&スピリッツ㈱	阪急阪神ビルマネジメント㈱ ホテル阪神 FOR-REST㈱ アサヒビール㈱ キリンビールマーケティング㈱ サントリー酒類㈱	阪急阪神ビルマネジメント㈱ ホテル阪神 FOR-REST㈱ アサヒビール㈱ キリンビールマーケティング㈱ サントリー酒類㈱ オタフクソース㈱	阪急阪神ビルマネジメント㈱ ホテル阪神 FOR-REST㈱ アサヒビール㈱ キリンビール㈱ サントリー酒類㈱ オタフクソース㈱	阪急阪神ビルマネジメント㈱ ホテル阪神 FOR-REST㈱ アサヒビール㈱ キリンビール㈱ サントリー酒類㈱ オタフクソース㈱	阪急阪神ビルマネジメント㈱ ホテル阪神 FOR-REST㈱ アサヒビール㈱ キリンビール㈱ サントリー酒類㈱ オタフクソース㈱ 一本松海運㈱	阪急阪神ビルマネジメント㈱ ホテル阪神 FOR-REST㈱ アサヒビール㈱ キリンビール㈱ サントリー酒類㈱ オタフクソース㈱ 一本松海運㈱	阪急阪神ビルマネジメント㈱ ホテル阪神 FOR-REST㈱ アサヒビール㈱ キリンビール㈱ サントリー酒類㈱ オタフクソース㈱ 一本松海運㈱ 梅田スカイビル

資料：バルガイドマップにより作成
※太枠は「野田・福島合体バル」

の第９回まで続く。

「野田バル」の第９回と「福島バル」の第10回では、野田地区のホテルは「野田バル」のみの協賛に、福島地区のホテルは「福島バル」のみの協賛となる。「野田バル」の第10回と「福島バル」の第９回では、それぞれ初めて福島区役所が協力から後援の立場へと変化する。「野田バル」の第11回と「福島バル」の第10回では、ビールメーカー大手１社が協賛から外れるが、いずれのバルも次の回から食品会社１社が新たに協賛で参画するなどがみられる。「福島バル」の第12回からは、移転してきた朝日放送㈱が協力で参画している。さらに、「福島バル」の第14回からは、一本松海運㈱が協賛に加わり、同社は第16回の「野田バル」に協賛で加わっている。また、「野田バル」と「福島バル」ともに第16回には梅田スカイビル・空中庭園展望台が新たに協賛に加わっている。くわえて、協力に「福島バル」の第16回では、福島食楽部が名を連ねている。福島食楽部は、2018年５月８日に「福島バル」や「野田バル」に参加する飲食店で設立された任意団体で川合善博氏が代表を務めている。このように、「野田バル」と「福島バル」はイベントとして回を重ねるごとに関係機関に認知され、後援・協力・協賛を得て継続開催してきているといえよう。

⑵ バルイベントの参加飲食店を核とした他イベントの実施

このように「野田バル」と「福島バル」が継続開催していく中で、バルイベントに参加している飲食店が参画する形で、以下の３つの地域活性化事業が行われている。

元気なお店創造委員会が事務局となり、2017年２月20日から25日までの間、おいしく環境を考えるプロジェクト「ジビエウイーク」が開催され、「野田バル」と「福島バル」に参加している飲食店が参画する。同委員会の川合善博委員長によれば、このイベントは福島区が既成市街地に位置し農産物の生産はないため地産地消はできないが、獣害に悩まされる山村地域での獣害駆除を促進するため、消費地である福島区の飲食店でジビエ料理を提供することで貢献しようという趣旨で開催したとのことである。この「ジビエウイーク」は翌年の2018年２月19日から24日にかけても開催されている。

2018年9月15日に、福島県主催の「福島×福島　日本酒バル」が開催された。「酒処福島県の39蔵の日本酒をグルメの街、福島でお楽しみください。」とのコンセプトで実施している。元気なお店創造委員会が協力しており、㈱MAKE LINEの企画運営のもと、「福島バル」の参加飲食店が参画して実現している。同委員長によれば、このイベントについては、東日本大震災と原子力発電所の事故に見舞われた福島県の復興に同じ福島の名の福島区が支援する方策として、福島県の美味しい日本酒と「福島バル」に参加している飲食店の美味しい料理をコラボレーションすることで発信していくことを目指したとのことである。「福島×福島　日本酒バル」は2019年9月14日に第2回が実施されている。

2018年2月14日から同年2月16日にかけては、福島エリアをネオン色に染めるライティングイベントとして「福島ネオンナイツ」が開催された。これは梅田スカイビルからJR福島駅を経てほたるまち（福島港）までの福島地区を舞台にライティングし、イベントへの参加者は参加飲食店を利用する際に様々な特典が与えられるイベントである。主催は、大阪WEST Hubコンソーシアム（代表は川合善博氏）で、㈱JTB西日本と一本松海運㈱と㈱MAKE LINEの3社で構成され「福島エリア」のさらなる賑い創出を目的として結成されている。このイベントに元気なお店創造委員会が協力しており、「福島バル」への参加飲食店が参画している。第2回の「福島ネオンナイツ」は2018年11月7日から2019年1月30日にかけて毎週水曜日に開催され、協力に福島食楽部も参画した[4)]。

これらのことは、「野田バル」と「福島バル」の開催を通じて形成された枠組みが別の趣旨でのイベント開催にそのまま活用できることを示しているといえよう。

(3)　福島区役所実施イベントへの参画から企画

前節で示したように、「野田バル」と「福島バル」の開催を通じて形成された枠組みが、別の趣旨で実施される、あるいは他の主催者によって実施される別のイベント開催において機能し、福島区内での地域活性化はもとより、他の地域への支援もする形で貢献してきている。このような中、地元の行政組織である福島区役所が主催する「のだふじまつり 2019」「ふくしまてんこもり 2019」といったイベントにも大きく貢献していくことになる。

2019 年 4 月 21 日に「のだふじまつり 2019」が下福島公園等で開催されている。主催は、福島区のだふじまつり推進委員会で、その構成は、福島区商店会連盟、福島食楽部、福島区役所である。チラシの問い合わせ先は福島区役所企画総務課となっており、区の事業である。また、「野田バル」と「福島バル」に参加する飲食店で形成された福島食楽部が主催者の一部を構成している。企画に㈱ MAKE LINE、さらに協力に元気なお店創造委員会が名を連ねている。

その後、2019 年 7 月 7 日に「ふくしまてんこもり 2019」がふくしま公園等で開催されている（図 7-8）。主催は、ふくしまてんこもり実行委員会で、その構成は、福島区商店会連盟と福島食楽部、福島区役所である。チラシの問い合わせ先は「のだふじまつり 2019」と同様に福島区役所企画総務課となっており、区の事業である。また、「のだふじまつり 2019」と同様に福島食楽部が

図7-8 「ふくしまてんこもり2019」のチラシ

資料：大阪市福島区（2019）より引用

主催者の一部を構成している。「ふくしまてんこもり2019」では、上福島連合町会、福島連合町会が共催している。また、阪神電気鉄道株式会社が協賛し、協力は朝日放送グループホールディングス、阪急阪神ビルマネジメント、JR西日本などとともに元気なお店創造委員会が名を連ねる。さらに福島警察署、福島消防署、大阪市環境局西北環境事業センターといった行政組織も加わっている（写真7-1）。くわえて、㈱MAKE LINEが企画していることが示されている。「のだふじまつり2019」が区民まつり的なものであるのと比較して、「ふくしまてんこもり2019」は、区民まつり的な内容に加え、地域の安全・安心の向上をも目指したものとなっており、福島に暮らす老若男女が集う内容にすることで（写真7-2）、新しく福島に住む区民に対して治安が良いことをPRする機会ともなっている。また、ふくしま公園の他にホテル阪神前にあるラグザ大阪会場やABC放送本社前会場も設け、参加者によるスタンプラリーも行えるようになっており、「福島バル」と同様にまちなかを回遊する仕組みも取り入れられている（図7-8）。

「ふくしまてんこもり2019」の開催状況の現地調査の際に、元気なお店創造委員会の川合善博委員長と大谷常一区長に話を聞く機会が得られた。大谷区長に、このような福島区役所が実施するイベントに「野田バル」と「福島バル」の開催を通じて形成された枠組みを活用されることについて伺ったところ、大谷区長からは、従来の施策である自治会あるいは商店街を対象とする

写真7-1　「ふくしまてんこもり2019」の福島公園会場の本部と出展ブース

資料：筆者撮影（2019年7月7日）

写真7-2　「ふくしまてんこもり2019」の福島公園会場の飲食物販売

資料：筆者撮影（2019年7月7日）

と、区民施策あるいは商店街振興といった事業になりがちであり、このようなイベントはなかなか実現できなく、㈱MAKE LINEに企画を依頼し、実現に至ったとのことであった。実際に「ふくしまてんこもり2019」に足を運ばれている区民の方々の多さと老若男女が入り混じった様子を見て、狙い通りに「ふくしまてんこもり2019」が開催されているとのことであった。また、元気なお店創造委員会の川合委員長に、「ふくしまてんこもり2019」は「野田バル」と「福島バル」を継続開催してきたことの先にある地域ブランディングを目指した取組みの一つの形かを伺ったところ、同委員長からは福島区役所や福島警察署などの治安を良くしていこうという考えと、飲食店が自律してまちのイメージを良くしていこうという動き等をバルイベントに取組んできた枠組みで統合できたとのことであった。

(4) 継続開催による他の地域活性化事業への貢献

本章では、「野田バル」と「福島バル」が回を重ねる中で関係機関からの後援・協力・協賛を受けてきたこと、また、地域活性化事業と考えられる他のイベントを実施する際に「野田バル」と「福島バル」の開催を通じて形成された枠組みが活用されてきたこと、さらに、これらの積み重ねにより、福島区役所が実施するイベントに大きな役割を果たすに至ってきたことを示した。「野田バル」と「福島バル」が継続開催すること自体を目標にしているのではなく、地域のイメージアップを進めるというより高次の目標に向かって着実に回を重ねてきている。その効用としては、まず、着実に回を重ねてきていること自体により関係機関からの後援・協力・協賛を得られている。つぎに、行政が実施する事業の中核を担うまでになってきている。さらに、福島食楽部の創設は、元気なお店創造委員会の根幹となっている㈱MAKE LINEに「野田バル」と「福島バル」の運営をただ委ねている状態から、飲食店を構成メンバーとする福島食楽部が直接的に地域のイベントに係わる基盤となり地域貢献していく道筋をつくったとも考えられ、商店街という旧来的な組織ではなく、飲食店が自律的に地域との連携に取組んでいく新しい姿を示しており、地域内での内発的な効用をもたらしているといえよう。

4. 従前の取組みのまとめ

本章では、大阪市福島区で行われている「野田バル」と「福島バル」を事例として、その継続開催による運営方法の変遷の把握と継続開催することによる他の地域活性化事業への参画・関与に着目してきた。その結果、以下の2点が見出された。

1点目は、「野田バル」と「福島バル」は、「野田・福島合体バル」ではなく、「野田バル」あるいは「福島バル」として個別の地区で実施する方が参加者や主催者(元気なお店創造委員会)にとって適度な実施範囲と考えられていることが明らかとなった。参加者が「野田バル」の実施範囲と「福島バル」の実施範囲を行き来することには負担があること、主催者が2つの地区を同時にコントロールすることが大変であることに起因する。また、別々に実施することで、「福島バル」では、少しずつやや北側に実施範囲を拡大させることで、南北間での回遊をより一層誘導することが意図されていた。本事例はバルイベントを継続して開催していく上で、無理なく実施していく範囲について示唆を与えるものと考えられる。

2点目は、同委員会では、「野田バル」と「福島バル」の継続開催を当然のこととしており、バルイベントはイメージアップを進めるための有用な手段として位置付けて取組んできていることが確認された。バルイベントの継続開催は、関係機関の後援・協力・協賛を着実に得てきている。また、同委員会が主催となった「野田バル」「福島バル」だけではなく他の主催者が行うイベントを含めて、バルイベントに参加している飲食店が参画している。また、これらの取組みの過程で飲食店による任意団体である福島食楽部が形成されている。さらに、福島区役所が主催した「ふくしまてんこもり 2019」では、福島食楽部がメンバーの一員として参画し、イベントそのものの企画は㈱ MAKE LINE が担っている。本事例から、バルイベントの継続開催により形成された関係機関からの信頼や事業実施のための枠組みが、他の地域活性化事業を推進する上での基盤となり、バルイベントは地域のイメージアップ向上につなげるツールとしての有用性が示唆される[5)]。

5. コロナ禍での期間延伸による開催

コロナ禍になり、2020 年の「福島バル」は 11 月 14 日・15 日に実施することとなった。従来は 1 日の開催期間であるところ、2 日間の開催になっている。実行委員会事務局にヒアリングした結果は以下のとおりである。開催時期については、2020 年 8 月末に実施を決定している。かなり悩んだが、お店も街も疲弊していたので少しでも元気になるお手伝いが出来るのではないかと考えた。

開催にあたっては、福島区役所とも協議して開催を決定している。福島区役所の意向というよりは、想いが重なって、福島区役所主催の「ふくしまてんこもり 2020」と同時開催になった。「ふくしまてんこもり 2020」も三密を避けるために、公園や朝日放送などで参加者が詰まる従来のイベントスタイルを止める必要があった。このため「まちあるき」を主として福島エリア内の各所で行われる小ぶりなイベントを、時期を集約することで総称として「ふくしまてんこもり 2020」としている。2020 年に関しては、第 18 回「福島バル」もそのひとつというスタンスになっている（図 7-9、図 7-10）。コロナ禍だからやるかやらないかの 0 or 100 ではなく、どうすれば出来るかを考えようという結果、それが従来の 30 でも 50 でも良いのではということに至った。

図7-9　「ふくしまてんこもり 2020」冊子の表紙

資料：大阪市福島区（2020）より引用

従来は、「福島バル」は土曜日の 1 日開催であった。今回は、長期開催も視野に入れたが、長期だとお店に負担が掛かると判断した。今回は、ささやかではあるが、本番 1 日開催を 2 日開催にする事で来場者の分散を図ることとし、あわせて“あとバル”（残ったバルチケットを金券として使用できる）の期間を従来の約 1 週間から 2 週間

図7-10　「ふくしまてんこもり2020」冊子での「福島バル」の紹介

資料：大阪市福島区（2020）より引用

に伸ばした。参加者も参加飲食店もチケットを無駄なく使用いただくことを考えるとともに、少しでも三密を避けるための方策とした。

参加店舗数は、前回の72店舗から56店舗になった。このうち新参加店は7店舗である。今回参加しない店舗の理由は、2020年に入って閉められたお店が数店あること、コロナ禍を考慮してお店および経営会社の方針として当面落ち着くまでイベントなどへの参加を控える方針を出している、コロナ禍の影響でスタッフの人数を削減していてバルの対応に自信がないなどである。

なお、不参加の多くの飲食店は、今回参加を控えるが福島バルを応援していると言っていること、また野田地区の飲食店からは、是非安全に成功させて欲しいとの声があるとのことであった。福島地区で成功すると目標が出来て元気になれるとのことからである。

開催に当たっては、今回のバルへの参加飲食店には、福島区保健福祉センターの協力による「感染症予防及び食品衛生講習会」を開き、バル参加全店受講を条件とした。保健師による講習を受講し飲食店には、受講済証（ステッカー）を発行した（図 7-11）。感染症に対する知識と意識を学んでもらい受講内容をお店に戻って全員で共有してもらうことで、参加者だけでなく飲食店のスタッフに対しても安全で安心してもらえる環境に繋がると考えたからである。また、正しい知識と意識を持った飲食店が増える事は、エリアの安全安心にもつながると考えられる。

図7-11　「感染症予防及び食品衛生講習会」受講済証（ステッカー）

資料：実行委員会提供

このように大阪市福島区では実行委員会がコアになり、飲食店の意向、福島区役所の意向を重ね合わせ、第 18 回「福島バル」の開催が実現している。筆者は開催初日の 2020 年 11 月 14 日に現地調査を行った。本部は JR 大阪環状線福島駅そばに従前どおり設置されており、同一地に福島区役所が実施主体の「ふくしまてんこもり 2020」の本部も設置されていた（写真 7-3）。バルマップ（図 7-12）は従前と同様で、開催範囲もこれまでの「福島バ

図7-12　第18回「福島バル」バルマップ

資料：実行委員会（2020）より引用

写真7-3　第18回「福島バル」本部の様子（右奥が「福島バル」本部、左手前が「ふくしまてんこもり」本部）

資料：筆者撮影（2020年11月14日）

写真7-4　第18回「福島バル」参加飲食店に並ぶ参加者の様子

資料：筆者撮影（2020年11月14日）

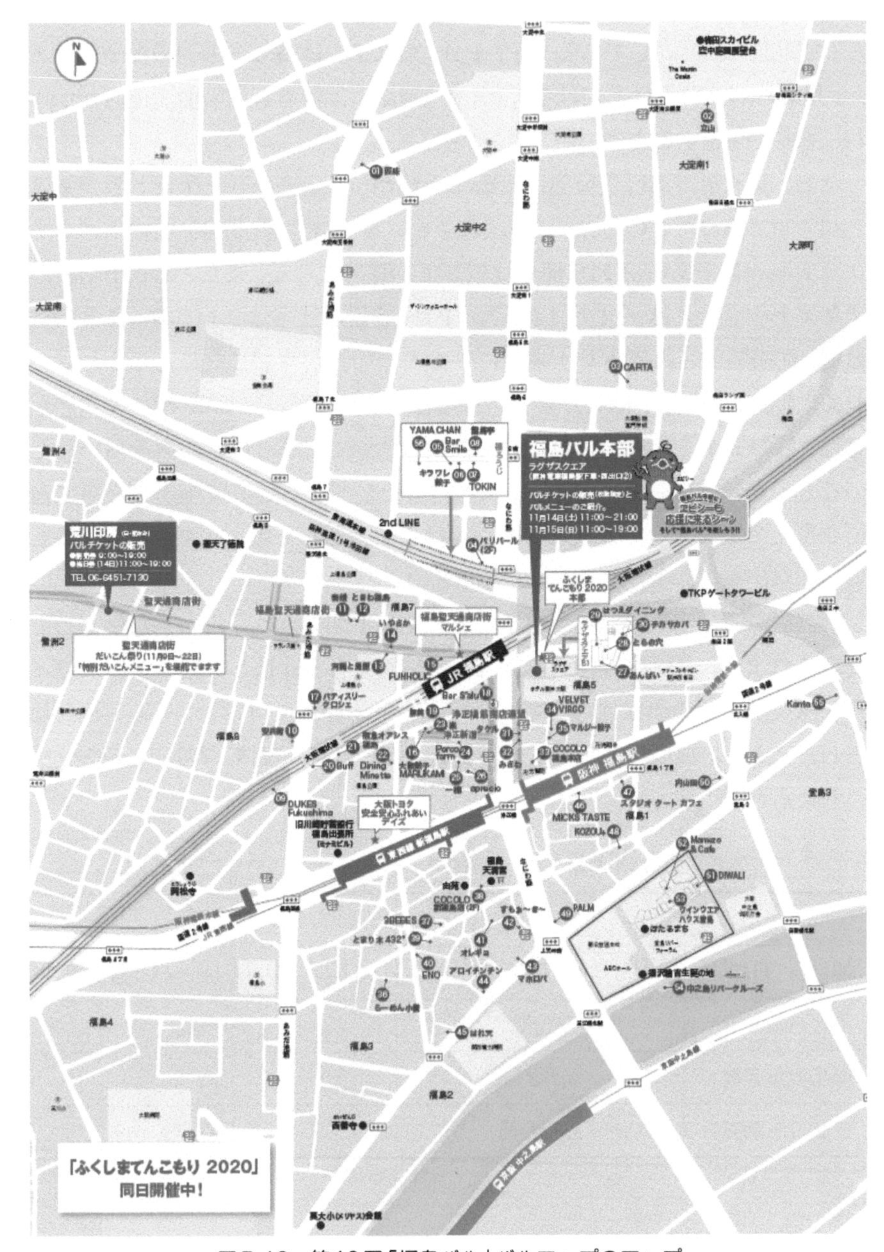

図7-13　第18回「福島バル」バルマップのマップ

資料：実行委員会（2020）より引用

ル」の開催範囲と同じである（図 7-13）。写真 7-4 は待ち客の列の様子であるが、長蛇の列というほどではなく、また、道路には待ち客用の並ぶ位置が示され、密接を回避するように記されていた。

なお、開催後に実行委員会に実績をうかがったところ、チケット販売数は 1,847 冊であったとのことである（表 7-8）。この数字は、昨年の第 17 回のチケット販売数である 2,119 冊と比較して、87％となる。また、web 予約者のチケット引き換えは、11 月 14 日と 11 月 15 日の比率は 3:1 であったとのことで、従来開催されてきた土曜日に多くの参加者が参加したことがうかがわれる。参加者からは、概ね好評であったとのことである。また、参加飲食店からは、このタイミングで実施出来た事は、希望に繋がったとの声を頂いたとのことである。福島区役所は、出来る対策をしっかりして実施出来た事に自信を得たであろうとのことである。実行委員会としては、事故やトラブルも無く運営出来て、ひとまずホッとしたとのことであった。

「福島バル」は密集の回避を目論んでの開催期間の延長が行われた例として捉えられよう。実行委員会が福島区役所や飲食店と連携して新型コロナウイルス感染防止対策の徹底の上でバルイベントの開催を目指し、その実現がなされたことは、福島地区だけでなく野田地区への希望ともなり、大きな成果と考えられる。

表 7-8　福島バルの第 17 回（2019 年）と第 18 回（2020 年）との比較

	第17回	第18回
開催日（日数）	2019年11月16日（1日）	2020年11月14日～15日（2日）
あとバル	7日間	14日間
参加飲食店数	72	56
チケット販売数	2,119冊	1,847冊

資料：実行委員会へのヒアリング結果に基づき作成

注

1) このことは、杉山（2015）が取り上げた2010～2014年に神奈川県の海水浴場で生じた海の家の「クラブ化」問題における健全化に向けた取組みにおいて規制の地域的差異が生じたことへの問題意識に係る1つの答えを示すことに通ずる可能性がある。なお、2017年には、飯塚他（2017）によるクラフトビールをテーマとしたイベントに関する研究や2020年の東京オリンピック開催を控えた東京のナイトライフに関するクラブやライブハウスに着目した池田他（2017）の研究がみられるものの、前者は公共空間を回遊するイベントではなく、後者は施設の運営が対象となっている。

2) 普段から1,000円をきる金額で1ドリンク・1フードを提供する参加飲食店が比較的多く、それとバルイベントの際のメニューとの差異を出すことが難しいとの意見が多くあったとのことである。

3) 大辞林第三版では、後援は「後ろ盾となって、うまく事が運ぶよう手助けすること。」、協力は「ある目的に向かって力を合わせること。」、協賛は「趣旨に賛成し、その実行を助けること。」となっている。

4) このように福島地区での南北間での誘導を促す取組みが「福島バル」以外でも行われ、その関係からも梅田スカイビルや一本松海運㈱は「福島バル」の協力に名を連ねているともいえよう。

5) おそらく最も効用を感じているのは福島区役所や福島警察署ではなかろうかと推測する。バルイベントを通じて形成された組織が当然ビジネスの部分はあるものの、それ以外の部分は自主的・自律的に自分達のまちを良くしていこうという気概で実行している取組みと連携して福島区役所や福島警察署は治安を良くするための一種の広報をしていると考えられる。公民連携は様々な分野でなされてきているものの、このようなソフトに言えばまちづくりであるが、規制ではない形で自主的に襟元を正していくような、ゆるやかな治安対策は他に類例が無いのではないかと思われる。しかし、本稿は治安対策そのものの方策を論ずることが目的ではないため、福島区長から「ふくしまてんこもり2019」に関する話は聞けたものの、同イベントの一参加団体である福島警察署へは見解を聞いていない。治安の良いイメージづくりと捉えれば、安全・安心なまちづくりを目指す行政機関にとっても効用がもたらされていると捉えられる。これは上記の注1）の杉山（2015）が取り上げた神奈川県の基礎的自治体が海の家の「クラブ化」問題における健全化に向けた取組みにおいて用いた規制手法とは全く異なる。

参考文献

飯塚　遼・太田　慧・池田真利子・小池拓矢・磯野　巧・杉本興運　2017：「東京大都市圏におけるクラフトビールイベントの展開と若者観光」『地理空間』，第10巻第3号，pp.140-148.

池田真利子・卯田卓矢・磯野　巧・杉本興運・太田　慧・小池拓矢・飯塚　遼　2017：「東京におけるナイトライフ観光の特性ー夜間音楽観光資源としてのクラブ・ライブハウスに着目してー」『地理空間』，第10巻第3号，pp.149-164.

稲垣　稜　2016：「大阪市都心部における職住関係の変化ー大阪市福島区を例にー」『人文地理』，第68巻第2号，pp.149-171.

大阪市福島区役所　2017：「福島区の概要」
http://warp.ndl.go.jp/info:ndljp/pid/10992734/www.city.osaka.lg.jp/fukushima/page/0000224266.html
（最終閲覧日：2019年9月1日）

小田康徳　2009：「工業地域としての福島・此花区地域の形成」『大阪の歴史』，第73巻，pp.3-22.

杉山和明　2015：「神奈川県における海水浴場の健全化に向けた取組と地理的スケールー海の家の「クラブ化」問題を中心にー」『人文地理』，第67巻第2号，pp.166-168.

杉山和明・二村太郎　2017：「英語圏人文地理学における「酒精・飲酒・酩酊」に関する研究動向ー日本における今後の事例研究に向けてー」『空間・社会・地理思想』，第20巻，pp.97-108.

マーク・ジェイン，ジル・バレンタイン，サラ・L・ホロウェイ著（杉山和明・二村太郎・荒又美陽・成瀬　厚共訳）　2019年：『アルコールと酔っぱらいの地理学　秩序ある／なき空間を読み解く』，明石書店。

Fujitsuka, Y. Gentrification in post-growth society: the case of Fukushima Ward, Osaka. Hino. M. and J. Tsutsumi eds. *Urban Geography of Post-growth Society.*, 2015, pp.147-158. Sendai: Tohoku University Press.

第4部

エリアリノベーションが進められている地域での対応

第8章

オンラインによるがもよんフェスの開催（大阪市城東区）

1. はじめに

前章では、大阪府内で最も早い時期より継続開催している大阪市福島区の「野田バル」と「福島バル」を対象として、バルイベントの継続開催の効用ついて報告している。「野田バル」と「福島バル」の開催の背景には、福島区で都市再生が進められ、工場跡地での住居系高層建築物が増加し、都心回帰により人口増加傾向にあり、新住民が増加しており、福島区のイメージアップが狙いとされている。また、本書では掲載していないが、筆者は大阪市中央区の「北船場（バ）ル」において、伝統的建築や昔ながらの言葉を活かした取組みがコロナ禍以前に進められていることを報告している（石原、2019）。「北船場（バ）ル」の開催の背景には、中央区では都市再生が進められ、住居系高層建築物が増加し、ビジネスの街であるものの都心回帰により人口増加傾向にあり、新住民が増加しており、昔ながらに住む人々、働きに来る人々、新たに住み始めた人々の交流が目論まれている。大阪市の都心区の都市再生が進められるエリアでは上記のような都市の更新が進められているが、これら中央区の「北船場（バ）ル」と福島区の「野田バル」「福島バル」とに共通する点は、都市再生が進められたことによる人口増加が開催の背景にある。また、いずれも実行委員長は元会社員で、起業してビジネスを行っており、その後、地域活性化を目指して社会的起業家的にバルイベントを行っていることがあげられる。久（2019a）は、新たな地域自治組織の組織運営のあり方に関する考察において、ネットワーク型の組織運営と社会的起業家の出現の重要性を指摘している。木村（2015）は、経営学の分野でのまちづくり研究においては、類い稀なる企業家が価値観の共有を動機付けとしてステークホルダーを巻き込むという「スーパーヒーロー仮説」の再生産が見られると指摘している。上記２人の実行委員長はスーパーヒーロー的な社会的起業家と言えるように思える。

同じ大阪市内でも都市再生が進む地域以外の地域では様相がやや異なってくる。大阪市は町家や長屋が多く、リノベーションによる地域の再生が進められてきており、例えば、中央区の空堀商店街や北区の中崎町、阿倍野区の昭和町などがあげられる。これらの地域は2000年代当初からリノベーションが進められ、それぞれのまちの特徴に応じて再生古民家の活用方法は異なっている。中央区空堀商店街は商店街であることから多様な業種で構成されアートイベントによる地域活性化が図られている。寿崎・柴田（2004）は、空堀地域では、長屋再生や長屋の残る町並みという地域のポテンシャルを、他から移り住んだ建築家が見出し、地元に住み続ける人にそのポテンシャルを認識してもらうために2001年からアートイベントが企画され、この企画がマスメディアに取り上げられたことによって、空堀地域に新たな意味づけがなされたとしている。北区中崎町ではカフェや雑貨、古着屋等アパレル関係の店舗が多くなっている。中道（2015）は、中崎地区には、もともと米屋や時計店などの昔ながらの店舗が存在したが、現在の中崎ブームは、阪神淡路大震災で被災し、中崎町に避難した店主が1997年に町家の改装により開業したギャラリー「楽の虫」が始まりだとしている。これをきっかけに2001年頃には空き家再生の店が10店程度となり、2002年頃にメディアに取り上げられ、2006年には100店程度集積するに至り、この集積の理由としては、中崎町の街の雰囲気に注目した若者を発端として、集積が集積を呼んだと考えられている（中道、2015）。阿倍野区昭和町では、長屋建築としては初の国の登録有形文化財として登録された寺西家住宅で飲食店が営まれている。川口（2012）は、建築家、地元不動産業者、職人、住人等によって構成されるグループによる活動、すなわち阿倍野区内の近代長屋群に地域資源としての価値を見出し、それを地域の住民に発信する取組みについて考察している。このグループは寺西家住宅に限らず阿倍野区内の地域資源としての長屋の現存調査やまち歩きによる名所の選定などを実践するとともに、長屋の魅力発信の活動を、寺西家住宅等を活用して行っていると報告している（川口、2012）。久（2019b）は、都市・まちづくり分野の近年の新しい動きに着目して、ポスト近代と新しい公共に関しての考察を行う中で、「国家・行政システム」や「経済システム」とは異なる、自発性を尊重し、共感でつながったネットワークで社会を動かしていく「協力システム」が重要であると指摘し、エリアリノベーションについては、ネットワーク社会の再開発手法と位置付けられるとしている。藤岡（2016）は、地域課題の解決を掲げるソーシャル・ビジネスを生活者の視点で推進するのは、地域住民のNPOと地域の生活者としての商店主であるとしている。また、藤岡（2018）は、価値を生み出すためには、共創的コミュニケーションが行われる「場」の生成が必要であり、地域活性化においても協働力を引き出す場が成功を左右するとしている。

中央区空堀商店街や北区中崎町、阿倍野区昭和町での取組みからやや遅れて大阪市城東区蒲生４丁目（通称「がもよん」）で古民家のリノベーションが行われ、2008年にイタリアンレストランが開業した（写真8-1）。その成功以降、およそ10年間に32軒の再生古民家を活用した飲食店等が誕生してきており、上記の地域とは趣のやや異なる再生古民家を活用した飲食店集積地域が形成されるに至っている。この「がもよん」では、バルイベントが開催され、それ以降に様々な回遊型イベントが催されるようになってきている。先に記したとおり、これまでリノベーションによる地域の再生が進められた地域に関する研究は多くみられるが、中央区空堀商店街や阿倍野区昭和町のように古民家を地域資源として発信することであったり、北区中崎町のように若者を発端として、自然発生的に集積が集積を呼ぶものであったりし、リノベーション後の再生古民家の用途が飲食店であり、地域活性化策と

写真8-1　2008年に開業した再生古民家を活用したイタリアンレストラン

資料：筆者撮影（2019年9月7日）

してバルイベントを導入し、その後に別の回遊型イベントにも取り組まれてきているような地域に関する研究はみあたらない。そこで、本章では、「がもよん」での複数の回遊型イベントの展開過程を把握することを目的とする。くわえて、それらの回遊型イベントの一つである「がもよんフェス」のコロナ禍での対応を報告する。

研究対象地域は大阪市城東区（図 8-1）の Osaka Metro 蒲生四丁目駅付近とする（図 8-2）。大阪市城東区は、「大阪都心 6 区」の東に隣接している。大阪城の東側に位置することから、この名が付けられている。城東区の行政区域面積は 8.38km^2、人口は 164,697 人（2015 年国勢調査）となっている（図 8-3）。城東区は中小工場が多く立地し、2015 年国勢調査に基づき行政区域別人口密度でみると大阪府内で 1 位、全国でも 4 位に位置する（表 8-1）。大阪府統計年鑑によれば、2015 年度の Osaka Metro 蒲生四丁目駅の 1 日乗降客数は 17,348 人となっている。

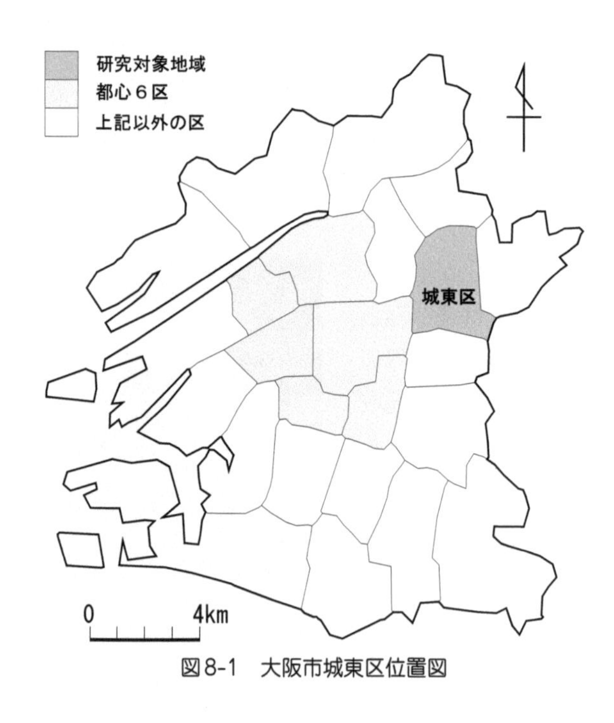

図 8-1　大阪市城東区位置図

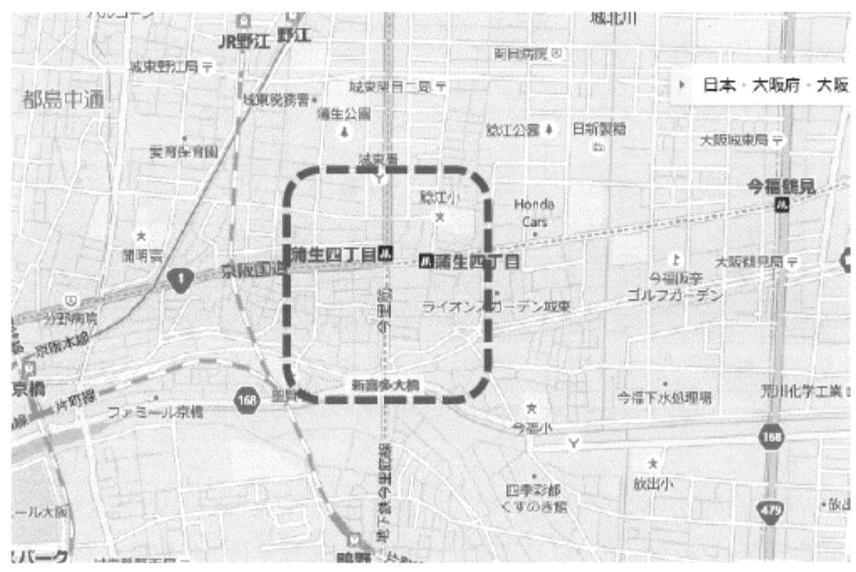

図8-2　蒲生四丁目駅付近と回遊型イベントの範囲

資料：Microsoft「Bing Maps」により作成

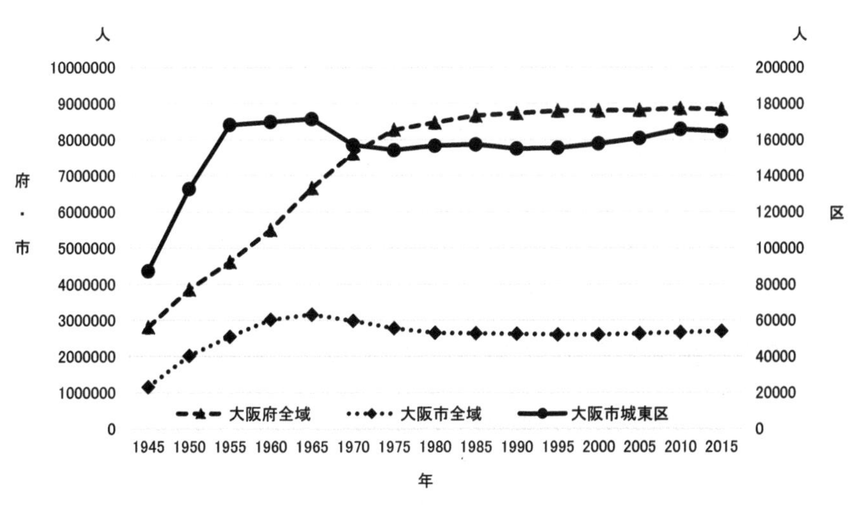

図8-3　城東区の人口の推移

資料：国勢調査各年により作成

表8-1　城東区の人口密度

	大阪市			東京23区		
	区名	人口（人）	人口密度（人／㎢）	区名	人口（人）	人口密度（人／㎢）
1	城東区	164,697	19653.6	豊島区	291,167	22380.2
2	阿倍野区	107,626	17997.7	中野区	328,215	21052.9
3	東成区	80,563	17745.2	荒川区	212,264	20892.1
4	西区	92,430	17740.9	台東区	198,073	19591.8
5	都島区	104,727	17224.8	文京区	219,724	19461.8

資料：国勢調査（2015）、大阪府統計年鑑および東京都統計年鑑により作成

研究方法は以下のとおりである。2019年9月8日に、一般社団法人がもよんにぎわいプロジェクトにヒアリングを行い、古民家再生の取組みや「がもよんばる」の実施経緯を把握するとともに、現地に同行いただき、再生古民家の状況やプロジェクトの取組みを調査した。実際の回遊型イベントの実施状況を把握するため、同年9月7日に「がもよんカレー祭」の、同年11月10日に「がもよんフェス」の現地調査を行った。また、同年10月24日と11月21日に「がもよんカレー祭」「がもよんハロウィン」「がもよん肉祭」について、同年11月13日と11月28日に「がもよんフェス」について、それぞれの実行委員長に実施経緯を把握するためのヒアリングを行った。これらより得た情報から、再生古民家を活用した飲食店集積地域におけるバルイベント開催以降の回遊型イベントの展開について考察を行う。

2.　再生古民家を活用した飲食店群の出現と「がもよんばる」の開催

(1)　再生古民家を活用した飲食店群の出現

2008年に「がもよん」で古民家のリノベーションが行われ、イタリアンレストランが開業した。古民家の持ち主は蕎麦屋をイメージしていたが、リノベーションを請け負う和田欣也氏は、まちのイメージとは異なるイタリアン

を推奨した。和田氏は建築資材を供給する会社勤めの頃、耐震補強の部材を開発したが、使いこなせる大工が少なく、自らが請け負うようになりR PLAY OFFICEを設立した(和田、2018)。その後、和田氏は2017年に一般社団法人がもよんにぎわいプロジェクトを設立している。2008年以降およそ10年の間に32軒の再生古民家を活用した飲食店等が誕生してきており、先行研究で記した地域とは趣のやや異なる再生古民家を活用した飲食店集積地域が形成されるに至っている(図8-4、表8-2)。新しい飲食店が入る際には、同じ業態が重ならないよう配慮されている。なお、和田氏は城東区内の出身であるが、「がもよん」とは異なる地域とのことである。

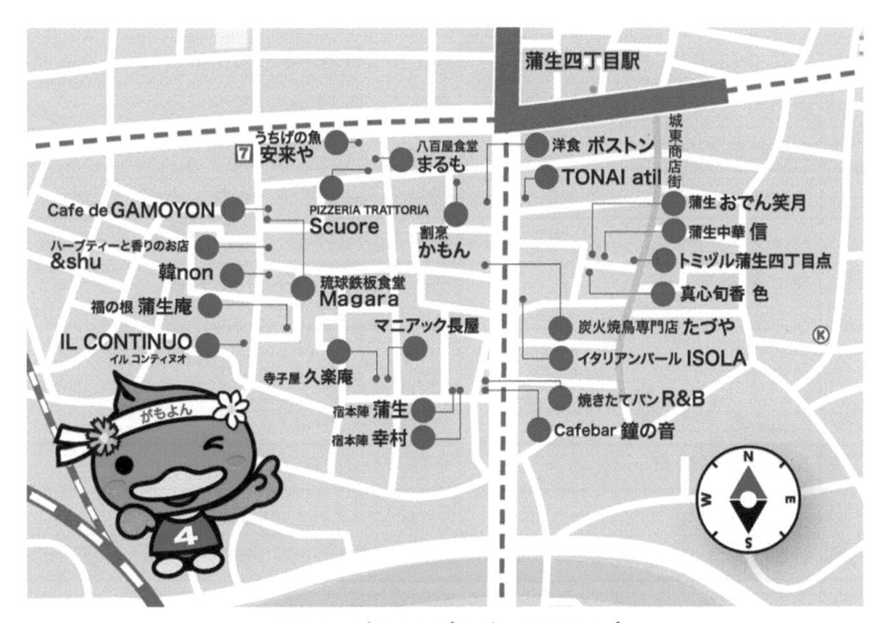

図8-4 がもよんプロジェクトマップ

資料：がもよんプロジェクトＨＰより引用

表8-2　再生古民家による店舗リスト

	店舗名	住所	内容
1	IL CONTINUO イル コンティヌオ	蒲生3丁目4-20	イタリアン(コース)
2	洋食ボストン	蒲生4丁目16-12	ハンバーグ
3	イタリアンバール ISOLA	今福西1丁目5-1	イタリアンバル
4	うちげの魚　安来や	蒲生4丁目21-14	海鮮料理
5	cafe bar 鐘の音 -kane no ne-	蒲生4丁目7-14	カフェバー
6	焼きたてパン R&B	蒲生4丁目7-14	パン
7	琉球鉄板食堂　Magara	蒲生4丁目20-4	沖縄料理
8	TONAI atil	今福西1丁目6-1	美容室
9	cafe de GAMOYON	蒲生4丁目20-4	カフェ
10	韓non	蒲生4丁目11-3	韓国料理
11	炭火焼鳥専門店　たづや	蒲生4丁目15-13	焼鳥
12	Pizzeria e Trattoria Scuore	蒲生4丁目21-21	ピザ
13	ハーブティーと香りのお店 &shu	蒲生4丁目11-2	ハーブティー・アロマ
14	蒲生庵 草薙	蒲生4丁目10－5	日本料理
15	マニアック長屋	蒲生4丁目9-18	雑貨・アトリエ
16	割烹 かもん	蒲生4丁目16-6	割烹
17	蒲生中華 信	今福西1丁目6-25	中華料理
18	蒲生おでん 笑月 wazuki	今福西1丁目6-26	おでん
19	真心旬香　色	今福西1丁目5-12	創作和食料理
20	トミヅル蒲生四丁目店	今福西1丁目6-21	焼肉・ホルモン鍋
21	宿本陣 蒲生	蒲生4丁目7-18	宿泊施設
22	八百屋食堂 まるも	蒲生4丁目21-17	八百屋・食堂
23	宿本陣 幸村	蒲生4丁目7-18	宿泊施設
24	居酒屋 はまとも	蒲生4丁目15-7	居酒屋

資料：がもよんプロジェクトＨＰ等により作成

(2) 「がもよんばる」開催の経緯

図8-5 「がもよんらすとばる」ガイドマップ
資料：がもよんばる実行委員会（2019）より引用

2012年9月に、和田氏の呼び掛けで、この地域で初めて「がもよんばる」が、21店舗の飲食店が参加し開催された。「がもよんばる」開催のねらいは、地元城東区民に飲食店を知ってもらい、リピーターになってもらうことであった。第1回以降は、2013年3月に第2回を参加42店舗で、同年9月に第3回を参加38店舗で、2014年7月に第4回を参加32店舗で、2015年11月に第5回を参加35店舗で、2016年11月に第6回を参加36店舗でそれぞれ開催している（表8-3）。第4回のみ缶バッジ方式で、それ以外は5枚綴りのチケット制である。2019年4月30日と5月1日の2日間かけて、平成から令和への元号が変わるのに合わせ第7回を「がもよんらすとばる」として参加26店舗で開催した。イベントの名称が示すように、「がもよんばる」は第7回を最終回としている（図8-5）。第7回では、和田氏の会社がOsaka Metro蒲生四丁目駅だけでなく、1つ隣の今福鶴見駅周辺でもリノベーションを手掛け始めたことから、3店舗が参加している（図8-6）。「がもよんばる」の事務局は当初は和田氏の会社であるR PLAY OFFICEが担っていた。2017年に和田氏は一般社団法人がもよんにぎわいプロジェクトを設立し、事務局を同社から引き継いでいる。

表8-3　回遊型イベントの開催経過

年	月	がもよんバル	がもよんカレー祭	がもよんハロウィン	がもよん肉祭	がもよんフェス
2012	9	第1回　21				
2013	3	第2回　42				
	9	第3回　38				
2014	7	第4回　32				
	9		第1回　23			
2015	8		第2回　32			
	10			第1回　23		
	11	第5回　35				第1回　40
2016	3				第1回　32	
	8		第3回　34			
	10			第2回　32		
	11	第6回　36				第2回　30
2017	2				第2回　41	
	8		第4回　39			
	10			第3回　34		
	11					第3回　27
2018	3				第3回　48	
	9		第5回　42			
	10			第4回　39		
	11					第4回　21
2019	3				第4回　37	
	4・5	第7回　26				
	8・9		第6回　40			
	10			第5回　42		
	11					第5回　27

資料：各イベントのガイドマップ等により作成
※回の右隣の数は参加飲食店数

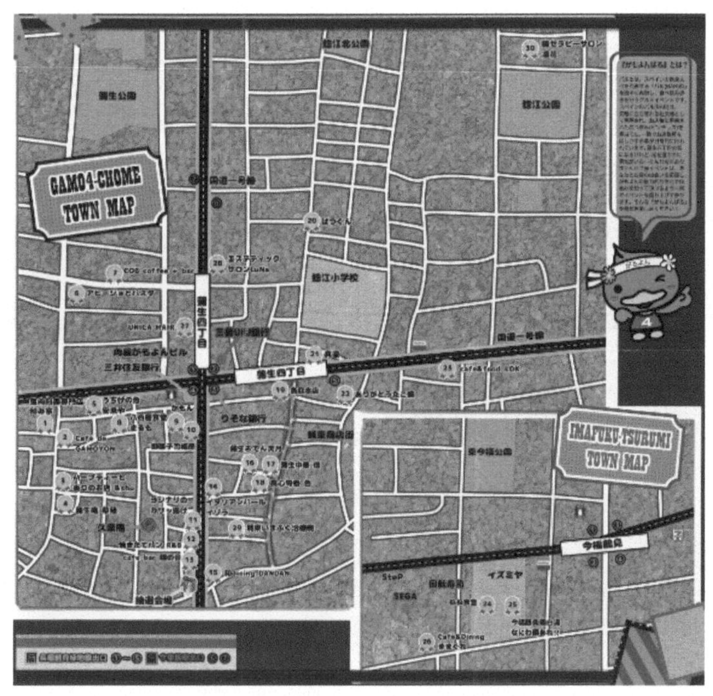

図8-6 「がもよんらすとばる」のマップ

資料：がもよんばる実行委員会（2019）より引用

⑶ 「がもよんミーティング」による飲食店のネットワーク形成

初めての開催にあたり、再生古民家を活用した飲食店数はわずかであり、和田氏は、地元で2007年からcafe & food LDKを営んできた小山ゆうこ氏に協力を求めた。小山氏は「がもよん」出身で、中学の同級生とcafe & food LDKを共同経営している女性オーナーである。小山氏は、2012年9月の第1回「がもよんばる」開催以前の2012年7月に、「がもよん」を盛り上げたいと店で企画したオリジナルTシャツを作製・販売している。Tシャツの裏面には地域活性化の思いに賛同しTシャツ作製に協力を申し出た地元の飲食店や企業18社の名前をプリントしている（写真8-2）。

「がもよんばる」の開催を契機に、再生古民家を活用した飲食店あるいは従前から営む飲食店に関わらず、参加飲食店によるミーティングが毎月1回行われるようになっている。小山氏が中心となっている。当初は参加メンバーのいずれかの飲食店で集まっていたが、2017年に一般社団法人がもよんにぎわいプロジェクトが設立され、再生古民家がミーティングの場として提供されている（写真8-3）。

写真8-2　「カモン！ガモヨン」Tシャツ

資料：筆者撮影（2019年11月23日）

写真8-3　再生古民家を活用した「がもよんミーティング」の会場

資料：筆者撮影（2019年9月8日）

3. 「がもよんカレー祭」等への展開

(1) 「がもよんカレー祭」開催の経緯

「がもよんばる」の開催が回を重ねる中、小山氏の呼び掛けにより、2014年9月に「がもよんカレー祭」の第1回が23店舗の飲食店が参加し開催されている。再生古民家を活用した飲食店あるいは従前から営む飲食店に関わらず、「がもよんミーティング」のメンバーに参加が呼び掛けられている。バルイベントであると開催が1日であることから、開催期間を約1週間として、子供からお年寄りまで誰もが楽しめるものとするため、テーマを「カレー」とし、各飲食店が自由に料金設定できるようにしている。第1回の開催以降、毎年1回暑い時期に開催している。

2015年8月に第2回を参加32店舗で、2016年8月に第3回を参加34店舗で、2017年8月に第4回を参加39店舗で、2018年9月に第5回を参加42店舗で、2019年8～9月に第6回を参加40店舗でそれぞれ開催しており（図8-7）、参加店舗数は初回と比較して増加傾向にある（表8-3）。

スタンプラリーが実施されており、要件を満たすとプレゼントが当たる企画となっている（図8-8）。参加者が参加飲食店に足を運び、まち歩きを促進する仕掛けがなされている回遊型イベントとなっている。

図8-7 「がもよんカレー祭」ガイドマップ

資料：がもよんカレー祭実行委員会（2019）より引用

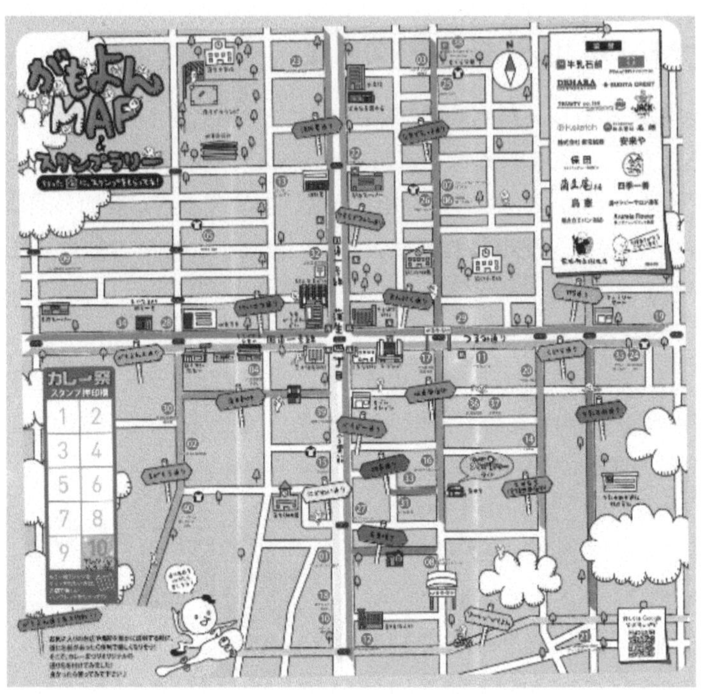

図8-8 「がもよんカレー祭」のマップ

資料：がもよんカレー祭実行委員会（2019）より引用

⑵ 「がもよんハロウィン」開催の経緯

その翌年の2015年10月に、小山氏の呼び掛けにより、「がもよんハロウィン」の第1回が14店舗の飲食店が参加し開催されている。再生古民家を活用した飲食店あるいは従前から営む飲食店に関わらず、「がもよんミーティング」のメンバーに参加が呼び掛けられている。バルイベントと異なり、子供が仮装して参加飲食店に行くと、参加飲食店が子供にお菓子をプレゼントするもので、子供向け回遊型イベントとなっている。参加飲食店は全くの持ち出しとなっており、地域貢献事業ともいえよう。

第1回の開催以降、毎年1回ハロウィンの時期に開催されている。2016年10月に第2回を参加15店舗で、2017年10月に第3回を参加31店舗で、2017年10月に第4回を参加31店舗で、2019年10月に第5回を参加33

店舗でそれぞれ開催しており、参加店舗数は年々増加傾向にある（表 8-3）。第 5 回は、城東区役所とアイラブ城北川実行委員会が主催する「キャンドルナイト in 城北」とが一般社団法人がもよんにぎわいプロジェクトを通じて連携して取組むようになっている（図 8-9）。

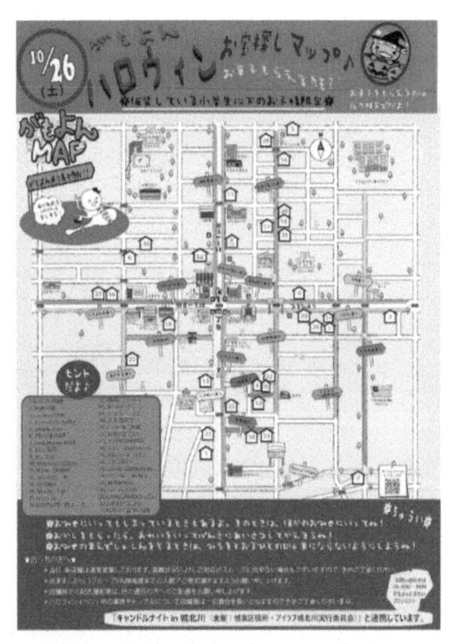

図 8-9　「がもよんハロウィン」のマップ

資料：がもよんハロウィン祭実行委員会（2019）より引用

(3)　「がもよん肉祭」開催の経緯

さらにその翌年の 2016 年 3 月に、小山氏の呼び掛けにより、「がもよん肉祭」の第 1 回が春のイベントとして 32 店舗の飲食店が参加し開催されている。再生古民家を活用した飲食店あるいは従前から営む飲食店に関わらず、「がもよんミーティング」のメンバーに参加が呼び掛けられている。「がもよんカレー祭」と同様に、バルイベントであると開催が 1 日であることから、開催期間を約 1 週間として、誰でもが楽しめるものとするため、テーマを「肉」としている。第 1 回の開催以降、毎年 1 回開催している。2017 年 3 月に第 2 回を参加 41 店舗で、2018 年 3 月に第 3 回を参加 48 店舗で、2019 年 3 月に第 4 回を参加 37 店舗でそれぞれ開催している（図 8-10、表 8-3）。各飲食店が自由に料金設定できるようにしている。なお、第 3 回からは、小山氏から別の飲食店主に事務局は移っている。

図 8-10　「がもよん肉祭」ガイドマップ

資料：がもよん肉祭実行委員会（2019）より引用

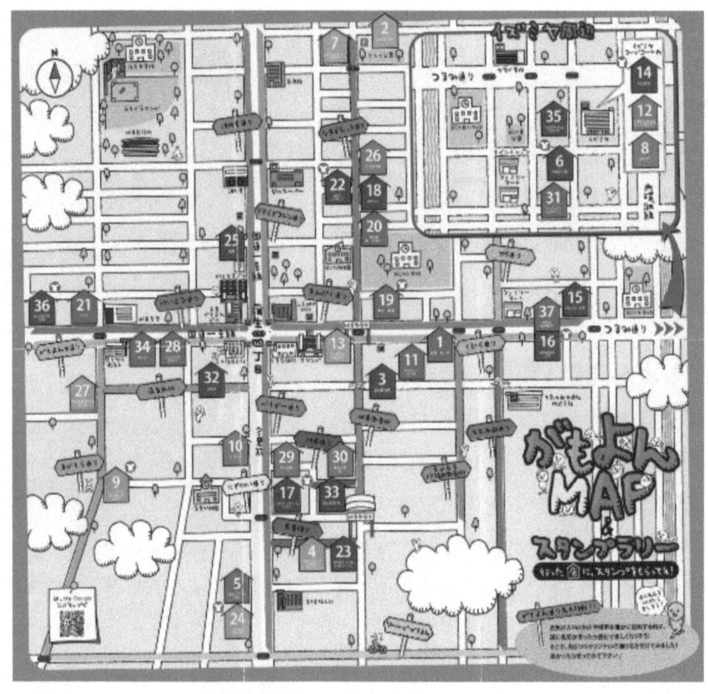

図8-11 「がもよん肉祭」のマップ

資料：がもよん肉祭実行委員会（2019）より引用

「がもよんカレー祭」と同様に、スタンプラリーが実施されており、要件を満たすとプレゼントが当たる企画となっている（図 8-11）。参加者が参加飲食店に足を運び、まち歩きを促進する仕掛けがなされている回遊型イベントとなっている。

4. 「がもよんフェス」への展開

中岳早耶香氏はミュージシャンで、2014 年からミュージシャン仲間とともに蒲生 4 丁目で cafe bar 鐘の音を共同経営している女性オーナーである。中岳氏は大阪府池田市の出身であるが、他の再生古民家の店舗が集積する地域も含め検討し、人口の多さ、駅の近さ等を勘案し、「がもよん」を選んでいる。

中岳氏は約 1 年かけてこの地域での人脈を形成した後、「がもよんフェス」開催の呼び掛けをし、2015 年 11 月に第 1 回が開催されている。音楽で子供からお年寄りまで誰もが元気になるようにと開催された。「がもよんフェス」には第 1 回から飲食店も参加しているが、第 3 回からは「アーティスト応援メニュー」を提供する飲食店と位置付けられ、音と食のイベントであることを前面に出している。その飲食店は、再生古民家を活用した飲食店あるいは従前から営む飲食店に関わらず、「がもよんミーティング」のメンバーに参加が呼び掛けられている。各飲食店が自由にメニューを提供しワンコイン方式にしている。

第 1 回の参加飲食店数は 40 店舗であった。第 1 回開催以降、毎年 1 回開催している。2016 年 11 月に第 2 回を参加 30 店舗で、2017 年 11 月に第 3 回を参加 27 店舗で、2017 年 11 月に第 4 回を参加 21 店舗で、2019 年 11 月に第 5 回を参加 27 店舗でそれぞれ開催している（図 8-12、表 8-3）。第 5 回では、104 組のアーティストが協力する飲食店（写真 8-4）の店内や商店街の一角（写真 8-5）等 11 箇所程度に別れ演奏しており、「アーティスト応援メニュー」を提供する飲食店でのスタンプラリーも実施され、音の面からも食の面からも参加者やアーティストの回遊が促進される仕組みとなっている（図 8-13）。

図8-12 「がもよんフェス」ガイドマップ

資料：がもよんフェス実行委員会（2019）より引用

写真8-4　「がもよんフェス」の会場の1つとなった中岳氏がオーナーのcafe bar 鐘の音

資料：筆者撮影（2019年11月10日）

写真8-5　商店街での「がもよんフェス」の演奏

資料：筆者撮影（2019年11月10日）

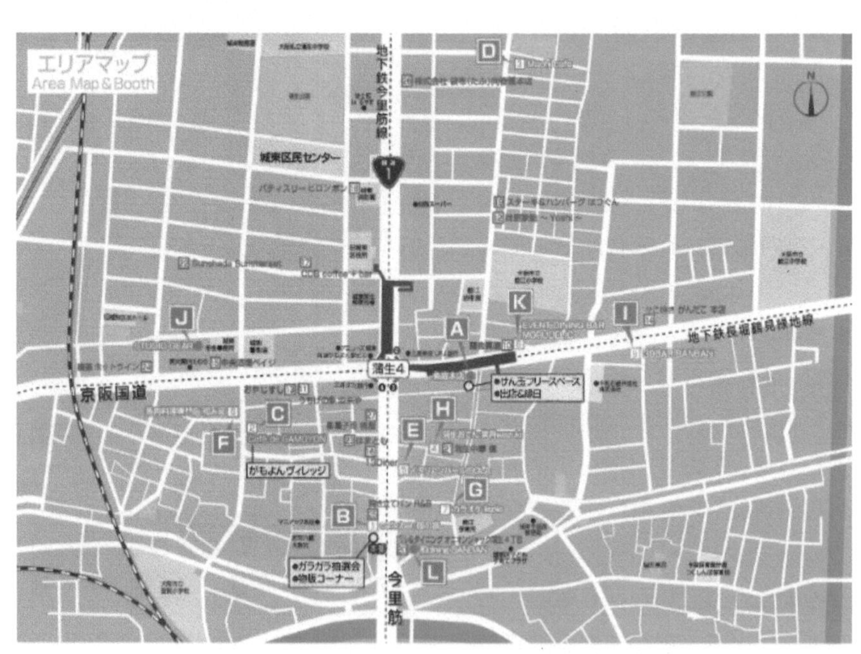

図8-13　「がもよんフェス」のマップ

資料：がもよんフェス実行委員会（2019）より引用

5. コロナ禍以前の取組みのまとめ

本章では、再生古民家を活用した飲食店が集積する大阪市城東区「がもよん」を研究対象地域として、バルイベント「がもよんばる」の実施とそこから派生して展開されている様々な回遊型イベントが実施されてきた経過を見てきた。「がもよん」で実施されてきている回遊型イベントについて、それぞれがどのように推移してきたかを模式化したのが図 8-14 である。

「がもよん」での回遊型イベントの取組みの展開を通じて、以下の点が見出された。まず、「がもよんばる」は再生古民家を活用した飲食店数がまだ少ない時期に開始しているが、和田氏は、従来からこの地域で営む飲食店と一緒に実施することで成功したものと考えられる。つぎに、「がもよんばる」の取組みを通じて、「がもよんミーティング」が定期的に開催され、地域のイベント実施に主体的に参画する組織が形成されていることが伺われる。さらに、この「がもよんミーティング」のメンバーのうち、従来からこの地域で飲食店を営むオーナーの小山氏は「がもよんばる」に関わる以前から、地域活性化に取組んできており、再生古民家を活用した飲食店あるいは従前から営む飲食店に関わらず「がもよんミーティング」のメンバーに参加を呼び掛け「がもよんカレー祭」「がもよんハロウィン」「がもよん肉祭」といった複数の回遊型イベントを展開している。くわえて、再生古民家を活用した飲食店オーナーの中岳氏も再生古民家を活用した飲食店あるいは従前から営む飲食店に関わらず「がもよんミーティング」のメンバーに参加を呼び掛け、回遊型イベントである音と食の「がもよんフェス」開催へと展開している。中岳氏は、この地に出店してから、わずか約 1 年後に「がもよんフェス」を開催し、成功させている。このように「がもよん」では、2 人の飲食店オーナーが「がもよんばる」で育まれた関係、すなわち地域のイベント実施に主体的に参画するメンバーによるネットワークを活かして、複数の回遊型イベントが定期的に行われる地域づくりを行ってきたといえよう。また、この 2 人の飲食店オーナーは、飲食店の経営という本来の仕事がある中で、「がもよんをより良くしていこう」と回遊型イベントの実施を発案し、実行してきている。

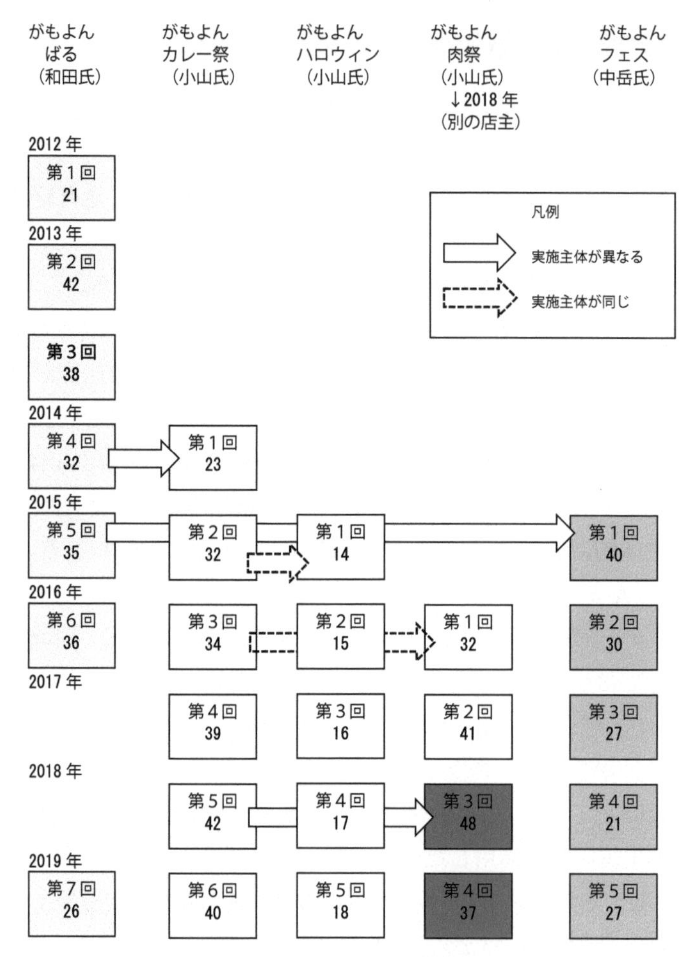

図8-14 「がもよん」における回遊型イベントの展開

資料:各イベントのガイドマップ、ヒアリングにより作成
(囲みの中の数字は参加飲食店数)

「がもよん」での回遊型イベントの取組みの展開をみると、経過から見れば、古民家を再生したイタリアンレストランの出現が契機であり、地域以外から「がもよん」に関わりをもった和田氏の取組みが端緒といえる。和田氏が「がもよんばる」を開始し、「がもよんミーティング」の場で「がもよんをより

良くしていこう」という価値が共有された。藤岡（2018）が指摘する共創的コミュニケーションの場が生成されているように見える。和田氏は「がもよん」を拠点にしつつ、図8-6に示す1つ隣の今福鶴見駅周辺のように他の地域でも本来業務である古民家再生に着手してきており、城東区民に「がもよん」を知ってもらうための「がもよんばる」の役割は既に果たされたのだといえよう。「がもよんばる」が開催されてきている間に、「がもよんミーティング」の場でネットワークが形成され、「がもよん」出身の小山氏と「がもよん」で開業し拠点とする中岳氏が、それぞれの目指す形の回遊型イベントを実施してきたことで、地域でみると活性化策の継続的な実施がなされてきたと捉えられよう。このように捉えると、木村（2015）に照らした場合、「がもよん」における回遊型イベントの展開は、必ずしも一人のスーパーヒーロー・ヒロインによるものではないようにみえる。また、藤岡（2016）が指摘する「地域の生活者としての商店主」にあたる飲食店オーナーである小山氏と中岳氏が地域課題の解決を掲げるソーシャル・ビジネスを推進しているとも捉えられ、社会的起業家的な活動と言えるのではないだろうか。

「がもよん」にある城東商店街では、城東商店街振興組合が2019年度の大阪府の助成を受け、アーケードの改修を行っている。この助成に関連し、同商店街ではイベントを行うことが求められており[1)]、その実施にあたって同商店街から小山氏と中岳氏に参画が求められ、両氏は対応している。同商店街の要請は、これまでの2人の飲食店オーナーの社会的起業家的な活動の実績が評価されてのことであろう[2)]。2020年3月にイベントの実施が計画されていたが、コロナ禍により実現には至っていない[3)]。

6. コロナ禍での動き

コロナ禍での地域活性化策の調査を進める中、回遊型音楽イベント「がもよんフェス」が、2021年2月に1週間にわたり飲食店等での無観客ライブのオンライン配信により実施されるとの情報を2020年12月に得た。本来であれば、「がもよんフェス」は飲食店での演奏を聴きに参加者が訪れ、まちなかを回遊するイベントである。しかし、新型コロナウイルス感染拡大防止対策の観点から、飲食店等において無観客で演奏がなされ、それをオンラインで配信するという取組みは、従来は現地に来ていた参加者が現地とは離れたところで配信されるライブコンテンツを見る視聴者となることから地域活性化の観点からすると、どのように捉えることが可能なのだろうか。

岡本(2020)は、コンテンツ産業の市場規模を論じる中で、ライブは急速に市場規模を拡大してきており、『デジタルコンテンツ白書 2019』の統計から、当初 2013 年に 248 億円だったのが、2015 年には 484 億円、2017 年には 629 億円、2018 年には 774 億円と年々増加していると述べている。また、岡本(2020)は、コンテンツツーリズムを捉えるには3つの空間があるとしている。すなわち1つ目は「現実空間」で、われわれの身体が存在する空間、2つ目は「情報空間」で、メディアを通してアクセス可能な空間であり、実際に存在するわけではないが、ネット上に想定できる空間、3つ目は「虚構空間」で、これも実際に空間があるわけではなく、コンテンツによって想像可能な空間としている。その上で、現実空間上の移動、交通、観光の問題については、長年にわたって研究成果が積み重ねられてきたが、今後、情報空間や虚構空間における精神的移動も含めた議論が必要になると指摘している。岡本(2021)は、コロナ禍前の 2019 年に近畿大学中央図書館で行われた「ユニバでブックトーク」を事例とし、本をメディアにして様々な「つながり」を創り出したと現実空間上でのリアルイベントの効能を指摘している。また、岡本(2021)は、コロナ禍以降に「アフターコロナ時代における現実・情報・虚構空間の効果的な活用方法の開発」に着手し、現実空間上の移動や集合を前提とした各種の取組みは軒並み中止を余儀なくされたことをふまえ、「情報空間」や「虚構空間」への精神的移動がうまくデザインできれば、遠隔授業やトークイベントなどを面白くできると指摘している。

そこで、本章では、本来は飲食店での演奏を聴きに参加者が訪れ、まちなかを回遊する地域活性化音楽イベントの「がもよんフェス」について、コロナ禍において飲食店等での無観客ライブのオンライン配信により行われた「がもよんフェス 2020-2021」を研究対象として取り上げ、その地域活性化策としての意義について考察したい。

先に、バルイベントの開催を契機として、参加飲食店同士のつながりができ、小山ゆうこ氏が実行委員長である「がもよんカレー祭」「がもよん肉祭」「がもよんハロウィン」や中岳早耶香氏が実行委員長である「がもよんフェス」といった複数の回遊型イベント開催されるようになってきたことを記した。「がもよんフェス」はその一つである。

まず、「がもよんフェス」は、2015年11月に第1回が開催されており、従前の開催状況について簡単にふれる。つぎに、コロナ禍である2021年2月22日から2月28日にかけて「がもよんフェス2020-2021」が開催されたことから、初日の2月22日および最終日の2月28日にミュージシャンが演奏する飲食店に出向き、観察を行った。あわせて配信の状況を確認した。また、がもよんフェス実行委員会委員長である中岳早耶香氏から2021年3月23日にオンライン配信の受信者数等の資料提供を受けた。さらに、2021年5月23日に実施経緯等の確認のためのヒアリングを行った。これらより得た情報から、飲食店等での無観客ライブのオンライン配信を行うことの地域活性化策としての意義について考察を行う。

7. 従前の「がもよんフェス」の開催状況

表8-4は従前の「がもよんフェス」の実績である。

表8-4　従前の「がもよんフェス」の開催経過

回	開催年月日	出演アーティスト数（組）	飲食店数（店）
第1回	2015年　9月21・22日	100	40
第2回	2016年　9月25日	61	30
第3回	2017年11月12日	62	27
第4回	2018年11月　4日	57	21
第5回	2019年11月10日	104	27

資料：がもよんフェスガイドマップにより作成

第 1 回の出演アーティストは 100 組、参加飲食店は 40 店舗であった。第 1 回開催以降、毎年 1 回開催している。2016 年 9 月 25 日に第 2 回を出演アーティスト 61 組、参加飲食店 30 店舗で、2017 年 11 月 12 日に第 3 回を出演アーティスト 62 組、参加飲食店 27 店舗で、2017 年 11 月 4 日に第 4 回を出演アーティスト 57 組、参加飲食店 21 店舗で、それぞれ開催している。

コロナ禍前に対面で直近に実施されたのは、2019 年 11 月 10 日開催の第 5 回で参加飲食店 27 店舗となっている（図 8-12）。この第 5 回では、104 組の出演アーティストが協力する飲食店の店内や商店街の一角等 11 箇所の図 8-13 の A ～ K の会場に別れ演奏しており、「アーティスト応援メニュー」を提供する飲食店でのスタンプラリーも実施された。参加者数は 2,635 名、「アーティスト応援メニュー」を提供する飲食店では合計 918 食が提供され、スタンプラリーの参加者は 166 名となっている。「がもよんフェス」が、音の面からも食の面からも参加者やアーティストの回遊が促進される仕組みとなっていることが伺われる。

8. コロナ禍での「がもよんフェス 2020-2021」の開催状況

2020 年 12 月 6 日の中岳氏が関係者にあてた文書によれば、「がもよんフェス 2020」の開催時期を延期し、年明けの 2021 年 2 月下旬の 5 日間で無観客でのオンライン開催を現在検討している旨が記されている。「こんな時代だからこそ音楽の力で少しでも皆さまの日常を彩れるような時間を、未来への光を届けられればと感じ、配信ライブとして決行できれば。」と綴られている。くわえて、「2015 年の初開催から 5 年間が経ち、毎年守り続けてきたイベント、まちづくりという枠を超えて皆様と一緒に作った蒲生四丁目の文化として捉え、いつも応援してくれて、いつも楽しみにしてくれてアーティストもお客さんも、街の人も店の人も企業の方々も支えてくれる皆様のために今わたしが出来ることとして、“おうちフェス”始めます！ 2020-2021 のがもよんフェスが動き出す。」と記されている。

実際には、「がもよんフェス 2020-2021」は、「おうちでがもよん」のコンセ

図8-15 「がもよんフェス2020-2021」のＨＰ

資料：がもよんフェス実行委員会ＨＰより引用

プトの下（図8-15）、2021年2月22日から2月28日にかけて1週間の開催となっている。70組（101人）の出演アーティストが協力する飲食店等の7会場において無観客で演奏し、リアルタイムでYouTubeにより配信された。70組の出演アーティストは、過去も参加した組が44組、今回初参加が26組となっている。なお、大阪府以外から4組が参加している。

写真8-6は、初日にあたる2021年2月22日の「笑月」を会場としてライブで配信している様子である。また、写真8-7は、そのYouTubeでライブ配信された動画を筆者の携帯電話で受信した画像である。筆者はリアルタイムで現地での観察を行ったが、店内は出演者および動画配信するための実行委員会関係者、飲食店関係者だけであり、無観客であった。また、目の前の会場である飲食店においてアーティストが出演しているのだが、同時に携帯電話の画面からその出演している様子を見ることができる状況であった。

写真8-6 「がもよんフェス2020-2021」のライブ配信の様子

資料：筆者撮影（2021年2月22日）

ここで、「がもよんフェス2020-2021」がオンライン方式で実施されるに至るプロセスを図8-16に示す。実行委員会は、参加者・アーティスト・飲食店・地元協賛企業からの開催要望がある中、コロナ禍において従前からの対面での「がもよんフェス」を開催することは困難と判断し、オンライン方式で開催することを意思決定した。その後、従前であれば、有観客でライブ演奏が行われる飲食店において、無観客で実施する会場となってもらうことについて了解をとることとなった。一方で会場となる飲食店での撮影が可能であるか、映像の配信方法をどうするかなどの技術的な課題解決も実行委員会の初期段階で求められた。つぎに、開催方法が決まったことで、アーティストの参加募集を行った。無観客でオンラインでの出演が前提である。参加アーティストが確定し、開催規模も確定したことから、協賛企業への協力の呼びかけを行った。従前の対面実施での参加者数が必ずしも参考にならない中、賛同を得ていくことは大変であったと推察される。しかし、従前と同程度の規模の協賛を企業から得られたことは、これまでの5回の開催実績が認められたものといえよう。これらのプロセスを経て、開催概要が固まり、視聴者に向けて開催の告知がなされ、開催の実現に至っている。コロナ禍においても「がもよんフェス2020-2021」開催を目指す実行委員長である中岳氏の強いリーダシップのもと、実行委員会メンバーの団結力や行動力が、アーティスト・飲食店・協賛企業から協力を得て、開催の実現に結び付けたものと考えられる。

写真8-7　携帯電話で受信した「がもよんフェス2020-2021」のYouTubeでのライブ配信の画像

資料：筆者撮影（2021年2月22日）

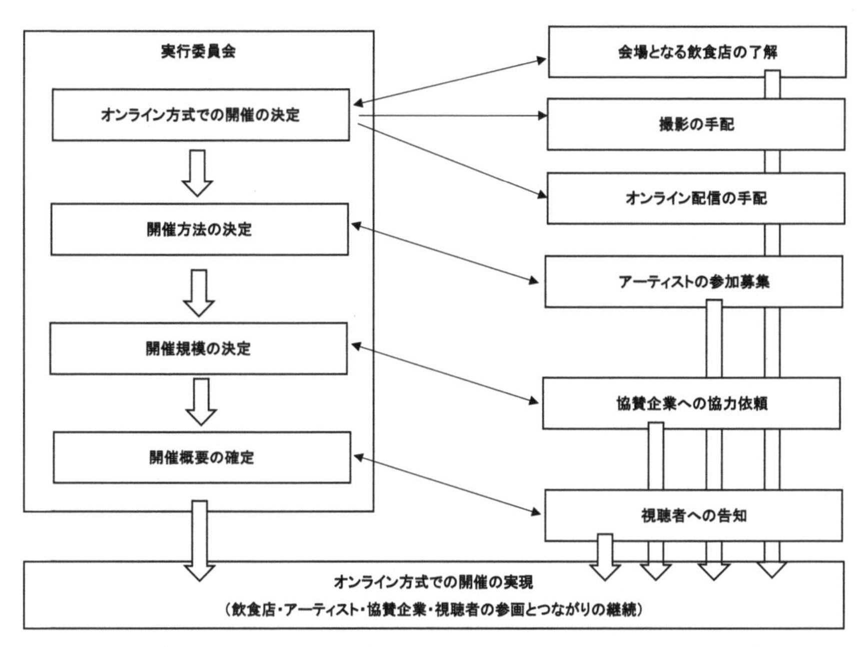

図8-16 「がもよんフェス2020-2021」のオンライン方式での開催に至るプロセス

資料：がもよんフェス実行委員会へのヒアリングにより作成

以下、がもよんフェス実行委員会から提供された資料に基づき、今回の取組みの状況を見ていく。表8-5は開催日と会場および動画の総再生回数を示したものである。動画の総再生回数の総合計は、7,568回に及ぶ。仮に同一人物が1週間毎日見たと仮定すると、1,080人を超える人が見たということになる。必ずしも全ての人がこのような条件で動画を再生していないであろうから、相当数の人が視聴したことが推定される。

表8-5 「がもよんフェス2020-2021」の会場および総再生数

日　程	会　場	総再生数（回）
2月22日(月)	笑月	633
2月23日(火)	鐘の音	712
2月24日(水)	蒲生中華　信	507
2月25日(木)	13Diner	525
2月26日(金)	isole	503
2月27日(土)	鐘の音	1,160
2月27日(土)	ISOLA	1,013
2月28日(日)	鐘の音	1,078
2月28日(日)	STUDIO GEAR	1,437
	合　計	7,568

資料：がもよんフェス実行委員会提供資料により作成

視聴者の年齢分布は45～54歳が最も多く36.7％、ついで35～45歳が多く34.9％、ついで25～35歳が多く22.4％となっており、これらで全体の約94％となっており、購買力の高い年齢層が大部分を占めることから、有観客で実施した際に活性化が期待できるとされている（図8-17）。また、男性が60.9％、女性が39.1％となっており、男性が多い傾向にあり、このことについてはアーティストによって変動はあるが、ライブの時と同様の傾向がみられたとしている（図8-18）。

がもよんフェス実行委員会の資料によれば、動画の視聴者は日本全国各地に及び、海外の数カ国からもコメントが寄せられたとのことである。その場にいなくても、どこからでも視聴可能なのは魅力的であると評している。また、日付ごとの視聴者の分布をみると、多くの人が一日だけでなく、リピートしていたことが確認されたとしている。くわえて開催後にアーカイブを視聴した方が多かったとしている。がもよんフェス実行委員会では、開催15日前の2021年2月7日に、全出演者を発表・紹介する告知を生配信しており、これがアクセス数の増加やPRに結びついたのではないかとしている。また、

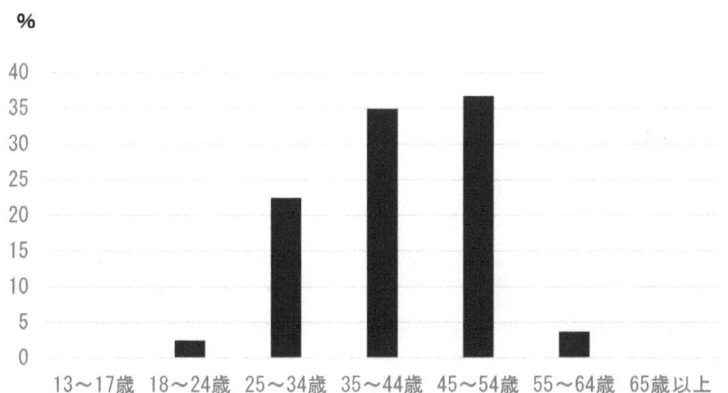

図8-17 「がもよんフェス2020-2021」の視聴者の年齢

資料：がもよんフェス実行委員会提供資料により作成

SNSも活用しており、フォローワーの増加が認められている。

つぎに事業運営上の点にふれる。従前から「がもよんフェス」の開催にあたって地元企業に協力を仰いでいた。「がもよんフェス2020-2021」は、コロナ禍における無観客ライブのオンライン配信になったが、12社からの協力を得ている。また、通常であれば観客がいて出演アーティストは物販などの販売で活動の収入になるのだが、オンライン配信であるため、これは叶わない。そこで、実行委員会は、インターネット上で投げ銭ができるシステムを作り、視聴者が出演アーティストに投げ銭できるようにしている。また、「がもよんフェス2020-2021」のパーカー（写真8-8）やステッカー（写真8-9）等のオリジナル製品を作り、これらをインターネットで販売し、事業収入を増やすように努めている。

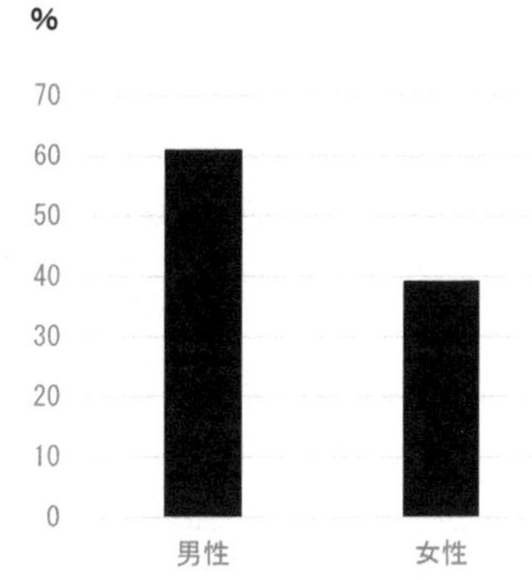

図8-18 「がもよんフェス2020-2021」の視聴者の性別

資料：がもよんフェス実行委員会提供資料により作成

写真8-8 「がもよんフェス2020-2021」の
オリジナルグッズ（パーカー）
資料：筆者撮影（2021年5月25日）

写真8-9 「がもよんフェス2020-2021」の
オリジナルグッズ（ステッカー）
資料：筆者撮影（2021年5月25日）

9. コロナ禍での取組みのまとめ

本章では、大阪市城東区蒲生四丁目駅付近で、従前は対面により行われてきた回遊型音楽イベントである「がもよんフェス」が、コロナ禍において「がもよんフェス2020-2021」として無観客でのミュージシャンによるライブをオンライン配信する取組みについて見てきた。本来であれば、蒲生四丁目駅付近の飲食店でミュージシャンがライブで演奏し、それを聴きに参加者が集い、まちなかを回遊することから地域活性化策となっているのであるが、それが叶わない中で、オンラインで実施した地域活性化策としての意義は、以下の3点になるものと考える。

第1に、2015年から毎年1回、これまでに5回の開催を積み重ねてきた飲食店とミュージシャンと参加者と地元協賛企業との繋がりを保持したことにある。実際に開催する場合、コロナ禍において従前と同様に対面で実施できる状況にないことを想定し、オンラインで配信する前提で準備が進められた。結果的に二度目の緊急事態宣言が発出されている期間での開催となったことから、賢明な判断により開催が実現したといえる。飲食店が無観客にも関わらず会場として提供され、アーティストや地元協賛企業が従前と変わりなく協力したこと、視聴者数からもこの繋がり（図8-16）がオンライン開催により保持されたものと捉えられると考える。

第２に、遠隔地からでもイベントへの参加を可能にしたことであり、併せて「がもよん」の名を日本各地や海外にも知らしめる効果があったものと推察される。従前は、参加者は「がもよん」まで出向き、飲食店でのミュージシャンの生演奏を聴くことが当然のことであり、その参加者は「がもよん」の地域を体感している。今回のオンラインでの配信により、従前からの参加者は既に地域を体感していることだが、「がもよん」を訪れたことのない人々に対してライブ演奏というコンテンツの提供を通じて「がもよん」という地域の雰囲気が伝わったのではないかと推察される。このことは、新たに「がもよん」を訪れたいと考える人々の掘り起こしに繋がるのではないかと考える。一見オンラインによる開催は、対面での開催の代替に考えられたが、オンライン開催によって遠方でも参加者が参加できる新たな可能性が開かれといえよう。

第３に、YouTube というツールによる配信方法を用いたことで、「がもよんフェス 2020-2021」の視聴者の属性が把握できたことである。このことは配信方法のツールによる副次的効果ではあるものの、コロナ禍が収束し、リアルイベントに戻ることができるようになった際に、視聴者の属性を考慮した方策が取れること、あるいは新たに呼び込みたい年齢や性別を考慮した方策を検討することを可能にしたと考えられる。これはオンライン配信によって、実行委員会と参加者である視聴者との間に１対１の関係が構築され、いわゆる one to one マーケティング[4)]が可能になったとも考えられる。したがって、長期的な視点からも「がもよんフェス」の運営の改善をもたらし、地域活性化に寄与するものと考えられる。

コロナ禍において「がもよんフェス 2020-2021」が、無観客ライブのオンライン配信で行われたことは、「がもよん」という現場と従来は現地に来ていた参加者が現地から離れた場所で配信されたコンテンツを見る視聴者という形で分離されてしまい、地域活性化策としての取組みとしては受け止めにくいように見えた。しかし、上記の３点、すなわち①継続開催の意義、②遠方からの参加、③マーケティングの実施から、コロナ禍において実行された「がもよんフェス 2020-2021」の取組みついては、地域活性化の意義があるものと考えられた。

また、「がもよんフェス 2020-2021」の開催は、コロナ禍という難局において無観客でのオンライン配信は止むを得なく取られた方策であり、恒常化することは想定されていないものと考えていた。しかし、このように見てくると、「がもよんフェス 2020-2021」の開催結果は、コロナ禍が収束した後に対面での実施と併せてオンラインでの配信という新たな枠組みでの実施をすべきではないかという方向性を示している。地域活性化はリアルに人が集まるだけで実現するのではなく、リモートイベントを併用することによって、現地に来ることのできる参加者だけでなく、地域外の遠方の参加者も視聴できるようにし、いわゆる関係人口を増やしながら実行していくことが重要であると考えられた。

注

1) 大阪府の「商店街サポーター創出・活動支援事業」による。同事業については、2019（令和元年度）で終了になっている（大阪府商工労働部中小企業支援室商業・サービス産業課商業振興グループ、2020)。なお、一般社団法人がもよんにぎわいプロジェクトの取組みは、2021年10月に2021年度日本グッドデザイン賞のベスト100に選定された（公益財団法人日本デザイン振興会、 2021)。ベスト100に選定した審査員の評価をみると、「（前略）エリア一帯の魅力を押し上げていくための仕組みを丁寧に積み上げている点が素晴らしい。」とされている。
2) 注1の事業報告資料においても、城東商店街振興組合が評価していることが伺われる（城東商店街振興組合・街角企画株式会社、2020）
3) このイベントは「城東アーケードフェスタ」で、2020年3月7日に開催予定であった。しかし、新型コロナウイルス感染防止のため、イベントは中止となっている（城東アーケードフェスタ実行委員会・城東商店街振興組合、2020)。
4) 照井伸彦（2009）によれば、one to oneマーケティングは以下のように位置づけられる。マーケティングでは個々の消費者は異質であると理解をするところからスタートするとされている。したがって、市場を細かく観察して消費者を細分化し、各セグメントの理解を通して様々な戦略が考られている。細分化の方法は、その程度に応じて、細分化しない(1)マス・マーケティング、複数のグループに細分化する(2)セグメンテーション、さらには異質性を究極まで高めて一人ひとりの消費者個別に細分化して対応する(3)one to oneマーケティング、あるいは個を標的にするターゲット・マーケティングの考え方が現在求められている大きな流れでとされている。

参考文献

石原　肇　2019：「地域ブランディングのツールとしてのバルイベント―大阪市中央区「北船場（バ）ル」を事例に―」『地域活性学会研究大会論文集』，第11巻，pp.139-242

大阪府商工労働部中小企業支援室商業・サービス産業課商業振興グループ　2020：「商店街サポーター創出・活動支援事業」．
http://www.pref.osaka.lg.jp/shogyoshien/shogyoshinko/syoutengaisupport.html
（最終閲覧日：2020年6月28日）

岡本　健　2020：「コンテンツツーリズムとインバウンド―現実空間・情報空間・虚構空間の移動を考える」『国際交通安全学会誌』，第45巻第1号，pp.51-57.

岡本　健　2021：「リアルイベントの効能―「ユニバでブックトーク」から「“オール近大”新型コロナウイルス感染症対策支援プロジェクト」まで」『香散見草：近畿大学中央図書館報』，第53号，pp.8-11.

がもよんにぎわいプロジェクト　2019：「古民家再生プロジェクトMAP」．
http://r-play.jp/gamo4project/about#map
（最終閲覧日：2019年11月28日）

がもよんにぎわいプロジェクト　2019：「お店紹介」．
http://r-play.jp/gamo4project/shop
（最終閲覧日：2019年11月28日）

川口夏希　2012：「地域資源の「発見」を通じた地域再生の取り組み―大阪市阿倍野地区を事例として―」『都市文化研究』，第14巻，pp.55-69.

木村隆之　2015：「まちづくり研究およびソーシャル・イノベーション研究の理論的課題に関する一考察」『九州産業大学経営学会経営学論集』，第26巻第1号，1-15.

公益財団法人日本デザイン振興会　2021：「グッドデザイン・ベスト100　古民家再生（リノベーション）がもよんモデル」．

https://www.g- mark.org/award/describe/52897
（最終閲覧日：2022年2月19日）
城東アーケードフェスタ実行委員会・城東商店街振興組合　2020：「城東アーケードフェスタ延期のお知らせ」.
https://joto-shotengai.com/archives/451
（最終閲覧日：2020年6月28日）
城東商店街振興組合・街角企画株式会社　2020：「商店街外部のまちづくり組織と連携した空店舗に新たな店舗をマッチングするしくみづくり」.
http://www.pref.osaka.lg.jp/attach/2566/00342029/05.pdf
（最終閲覧日：2020年6月28日）
寿崎かすみ・柴田和子　2004：「大阪・京都の長屋・町屋再生によるまちづくり活動ー大阪市空堀地区でのからほり倶楽部の活動ケーススタディー」『都市住宅学』，第47巻，pp.121-126.
照井伸彦　2009：「消費者行動のモデル化とマーケティングのカスタマイズー顧客データベースを用いたOne to Oneマーケティングー」『システム／制御／情報』，第53巻第9号，pp.380-387.
中道陽香　2015：「隠れ家的な街としての大阪・中崎町の生成ー古着店集積を事例にしてー」『空間・社会・地理思想』，第18巻，pp.27-40.
久　隆浩　2019a：「新たな地域自治組織の組織運営のあり方に関する考察」『日本都市学会大会要旨集』，第66号，pp.58-59.
久　隆浩　2019b：「ポスト近代と新しい公共に関する一考察　都市・まちづくり分野の近年の新しい動きに着目して」，『渾沌』，第16号，pp.15-27.
藤岡芳郎　2016：「ソーシャル・ビジネスの組織運営について理論的考察　価値共創の視点より」『大阪産業大学経営論集』，第17巻第3号，pp.97-116.
藤岡芳郎　2018：「地域活性化活動における場の生成プロセスについて　価値共創アプローチでの理論的考察」『大阪産業大学経営論集』，第19巻第2・3号，pp.25-42.
和田欣也　2018：「空き家再生でまちブランド化ーがもよんモデルー」『UⅡまちづくりレターまち・つくる通信』，第26号，pp.1-6.

第9章

長期間開催のかどま元気バルと社会実験（大阪府門真市）

1. はじめに

先に記したように近畿地方で2020年3～5月に予定されていたバルイベントは、例えば「伊丹まちなかバル」「北船場（バ）ル」等軒並み中止となった。このような状況下、大阪府門真市の「かどま元気バル」では、2020年11月の開催に向けて、1度目の緊急事態宣言解除後の同年6月から直ぐにプレイベントを実施しつつ、様々な準備を進めている。これは、これまでの平時での運営方法の蓄積によるところが大きいと考えられる。そこで、本章の前半では、「かどま元気バル」を研究対象とし、緊急事態宣言解除後直ぐに活動できている背景を把握することを目的とする。

また、門真市が2021年に門真市駅周辺のエリアリノベーションに向けて高架下や公園を活用する社会実験を行うとの情報を得た。本章の後半では、コロナ禍において実施された門真市の社会実験を事例として、その成果と今後の課題を明らかにすることを目的とする。

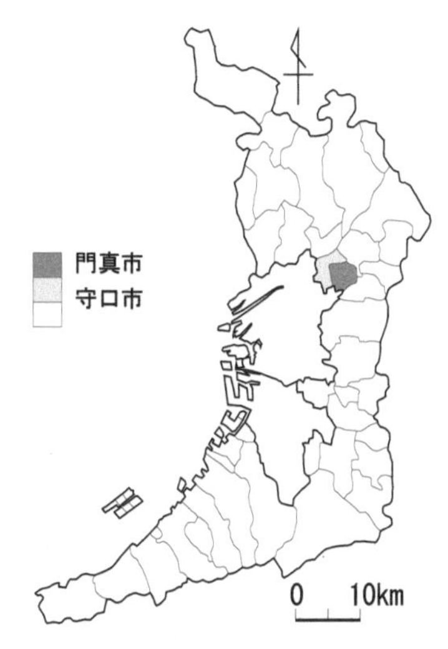

図9-1　門真市および守口市の位置

研究対象地域である門真市は大阪府の北東部にあり、市域は東西4.9km、南北4.3kmで、面積は12.30㎢である（図9-1）。門真市は、もともと穀倉地帯であり、河内蓮根が特産物であったが、急激な都市化が進み、農村地帯から産業都市へと移行し、現在は東大阪工業地帯の重要な位置を占めている。市域の北部を京阪電鉄本線が走り西三荘・門真市・古川橋・大和田・萱島の各駅が、南部にはOsaka Metro長堀鶴見緑地線の門真南駅が、西部には大阪モノレールの門真市駅がそれぞれあり、比較的狭い市域に7つの駅がある（図9-2）。各駅の一日乗降客数をみると（表9-1）、京阪本線の5駅および大阪モノレール門真市駅の各駅はいずれも2万人を越えている。Osaka Metroの門真南駅だけが1万人を越えた程度となっている。幹線道路についてみると、市内中央部を東西に国道163号線が横断し、西部を南北に府道大阪中央環状線や近畿自動車道が縦断している。

表9-1　門真市内駅の一日乗降客数（2018年）

線名	駅名	一日乗降客数（人）
京阪本線	西三荘	22,834
	門真市	29,913
	古川橋	21,682
	大和田	21,675
	萱　島	27,417
大阪モノレール	門真市	22,603
Osaka Metro	門真南	11,256

資料：門真市統計書（令和元（2019）年版）により作成

図9-2　門真市内各駅の位置と第10回かどま元気バル開催エリア

資料：第10回かどま元気バルマップブックより引用

「かどま元気バル」に関する研究方法は以下のとおりである。かどま元気バル実行委員会HPよりこれまでのバルマップブックを入手し、運営方法、参加店舗数等の情報を把握した。2020年7月28日に、運営方法のこれまでの変遷、2020年11月開催予定のバルイベントの本実施の考え方等について、かどま元気バル実行委員会へのヒアリングを行った。また、2020年6月、7月、8月開催のプレイベントの状況を、同年6月26日、7月4日、8月1日にそれぞれ把握した。なお、筆者は、「かどま元気バル」は門真市内の全地域を一つの実行委員会で運営していることに関心を持ち、どのような運営がなされているかを把握するため、2016年11月12日（第8回）および2019年7月2日（第10回）のイベント開催時に現地調査を実施している[1)]。これらの情報から、緊急事態宣言解除後直ぐに活動できている背景を把握し、その要因を考察する。

「社会実験」に関する研究方法は以下のとおりである。まず、門真市の資料により社会実験実施の背景と概要を記す。門真市の社会実験は、1回目が2021年2月に、2回目が同年12月に実施されている。また、同年10～12月に小規模な社会実験が継続的に行われている。これらについて、現地観察を行った状況を示す。また、2021年4月20日および2022年4月27日に門真市から社会実験に関するデータの提供を受けるとともにヒアリングを実施した。さらに、1回目の実行委員会のメンバーとして社会実験の全体を統括しつつキッチンカー等の出店の調整を担った守口門真青年会議所および実行委員会のメンバーとして社会実験の全体を統括しつつ高架下シアターの企画・設置・運営を担った門真フィルムコミッションのそれぞれの理事長にメールでヒアリングを行った。これらの情報を総合して、今回の社会実験について考察を行う。

2. 「かどま元気バル」の開催経過と運営方法の変遷

「かどま元気バル」の開催経過を表9-2に示す。「かどま元気バル」は第1回から現在に至るまで、飲食店主によって構成される飲食店元気塾のメンバー

表9-2 「かどま元気バル」の開催経過

回	開催年月日	日数	店舗数	エリア数とエリア名		缶バッジ販売数(個)	1店当たり販売数(個)	バルメニュー提供料金
1	2012. 4.28	1	20	2	西三荘、門真	−※	−※	−
2	2012.11. 3〜11. 4	2	110	6	西三荘、門真、古川橋 大和田、萱島、門真南	2,000	18.2	500円※※
3	2013. 5. 5〜 5. 6	2	96	6		2,500	26.0	
4	2013.11. 9〜11.10	2	78	6		3,000	38.5	
5	2014. 5.17〜 5.18	2	170	8	西三荘、門真、古川橋 大和田、萱島、門真南 大日、守口	3,500	20.6	
6	2014.11. 6〜11.11	6	167	8		2,500	15.0	
7	2015.10.15〜10.20	6	173	8		2,000	11.6	
8	2016.11.10〜11.14	5	142	8		2,000	14.1	
9	2018. 5. 7〜 7. 7	62	45	6	西三荘、門真、古川橋 大和田、萱島、門真南	1,000	22.2	1,000円程度（価格幅あり）
10	2019. 5. 7〜 7. 7	62	32	6		1,000	31.3	

資料：「かどま元気バル」バルマップブックおよび聞き取りにより作成
※1回目はチケット制で販売枚数は400枚で1店当たりの販売枚数は20.0枚となる
※※一部は異なる料金設定あり

が主となり、かどま元気バル実行委員会が組織され運営されてきている。

第1回は2012年4月28日に参加飲食店20店舗で開催された。前実行委員長が、「伊丹まちなかバル」などの情報を収集し、試験的に実施するとの呼び掛けにより、西三荘エリアと門真エリア（門真市駅周辺）でチケット方式により開催している。

第2回は、現委員長のもと、同年11月3〜4日に参加飲食店110店舗で開催された。開催エリアは上記2エリアに、古川橋・大和田・萱島・門真南の4エリアが加わり、計6エリアとなっている。この範囲での開催が第4回まで踏襲されている。第2回以降は、缶バッジ方式が採用されている。参加者は、缶バッジを500円で購入し、これが参加証とみなされ、バル参加店舗に行きワンコイン（500円）でバルメニューの提供を受けることができる。チケット制と異なり、何店舗でもはしごが可能である。缶バッジ販売数は回を重ねるごとに多くなっている。

第5回は2014年5月17〜18日に参加飲食店170店舗で開催された。第5回から第8回まで、隣接する守口市の守口市エリアと大日エリア[2)]も参加し、開催エリア数が8エリアに増加する。また、第6回以降開催日数を増加させ、エリアによって開催日をずらして、参加者が多くの参加飲食店に行けるようにしている。この範囲での開催が第８回まで踏襲されている。第２回から第８回までのバルマップブックはA4版の冊子タイプである。第８回のそれは20ページからなり（写真9-1）、参加者がスタンプラリーをすることで８エリアの回遊を促す狙いが伺える（図9-3）。缶バッジ販売数は第５回の3,500個をピークとし、徐々に減少する傾向がみられる。

写真9-1　第８回のバルマップブック

資料：筆者撮影（2016年11月12日）

第８回から第９回にかけて、やや期間が開き、実行委員会では運営方法を検討している。短期間での開催のため、参加者が参加飲食店に集中し、参加者と参加飲食店と交流をもてるような状況にならないことが懸案事項としてあげられた。バルイベントは賑わいの創出が期待されるものの、一方で参加飲食店としてはリピートしてもらえる参加者の来店も期待している。そこで実行委員会は運営方法を大幅に見直すこととなる。短期間での開催を見直し、第９回からは約２か月間の開催とし、参加者により多くの参加飲食店に足を運んでもらうこととした。また、缶バッジ方式は変わらないものの、価格設定を、昼は500円のままとし、夜は1,000円とした。

図9-3　第８回のスタンプラリー

資料：第８回かどま元気バルマップブックより引用

一方、このような運営方法にしたことから、約２か月間の長丁場に参加しかねる飲食店もあり、参加飲食店舗数は減少し、開催エリアは門真市内の６エリアとなった。バルマップブックはB6版の冊子タイプで、より上質の紙を使ったものとした。第10回のそれは48ページからなり（写真9-2）、厚みのあるもので、「かどま元気バルBOOK」としている。本のまえがきにあたる部分では、バルイベントと平行してこれまで飲食店元気塾のメンバーが地産地消をテーマに取組んできたことに触れつつ、参加者に向けて、「ご参加いただける皆様が地元を大切に思い、地産食材を通してきずなを結べば、私たちの故郷は、いつも元気で明るい町になる！それが、「かどま元気バルBOOK」に込めた、私たち「飲食店元気塾」のコンセプトです。」と記している。なお、缶バッジ販売数は半減しているものの、参加飲食店舗数も減少していることから、１店舗あたりに来る参加者数は大きく減ってはいない。

写真9-2　第10回のバルマップブック

資料：筆者撮影（2019年7月2日）

「かどま元気バル」は、第８回から第９回にかけてバルイベント開催の目論見を、短期的な賑わいの創出から、地元の参加者が約２か月間に繰り返し足を運んでもらうことに重点を置き変えた。コロナ禍前の直近２回の運営方法は、開催期間を長く設定することで、参加者の参加日が分散され、参加者の集中を回避しやすい状況にあったと考えられる。この経験が緊急事態宣言解除後直ぐのプレイベント開催につながる効果をもたらしたと考えられる。

3. 2020年11月開催への準備とプレイベントの実施

(1) プレイベントの実施

当初は2020年10月に第11回かどま元気バルの開催が計画され、10月の本開催に向け、同年3月から、毎月テーマを変えて、プレイベントが計画された。コロナ禍の影響から、本開催の時期は11月となり、緊急事態宣言によりプレイベントは店舗内での実施は自粛し、テイクアウトでの実施を余儀なくされてきた。

しかし、緊急事態宣言が解除された翌月の2020年6月には、プレイベントを実施している（写真9-3）。6月はワイン、7月は日本酒（写真9-4）、8月は焼酎をテーマとして実施している。飲食店元気塾のメンバーが取り組む地産地消のひとつである「ぼくらのワイン」「かどま酒」「門真れんこん焼酎」を提供する飲食店も参加している。

写真9-3　6月プレイベントの企画であるワイン

資料：筆者撮影（2020年6月26日）

写真9-4　7月プレイベントの企画である日本酒

資料：筆者撮影（2020年7月4日）

(2) 2020年11月本開催へ向けた準備状況

2020年6月24日に、市内の飲食店に向け、11月の本開催への参加呼びかけがなされた。参加の要件には、メニュー内容は、原則1,000円（税込）で楽しめるお得なサービス・メニューの設定を求めている。また、テイクアウトメニューを必ず設定することも求めている。

くわえて、飲食店には参加にあたり新型コロナウイルス感染拡大防止に関するガイドラインを定め、①店舗入り口には必ず消毒液の設置、②マスクの着用、検温の実施、③密閉空間をできるだけつくらないように、座席の間隔を広くする、換気のできる状態にしておくなど三密回避の取組みへの協力、④飛沫感染を防ぐため、大声での接客や会話を控える、⑤大阪コロナ追跡システム[3)]の導入、店内でのQRコード付き案内資料の掲示、⑥感染状況により、テイクアウトのみでの実施の可能性、⑦その他（通常営業よりも細心の配慮、ガイドラインの適宜見直し等）の7項目を示し、①と⑤は必須事項としている。

2020年7月31日に11月の本開催での参加申込が締め切られ、32店から参加の意向が示された。2019年の第10回と同規模で開催された。

4. 門真市駅周辺の地域リノベーションに向けた社会実験

本章で対象としている門真市の表玄関的な駅である門真市駅の周辺エリアは、京阪電鉄や大阪モノレール、国道163号、府道大阪中央環状線、近畿自動車道が交差する交通結節点である（図9-4）。門真市駅は、京阪電鉄本線と大阪モノレールの乗換駅となっており、両駅の一日乗降客数をみると5.1万人

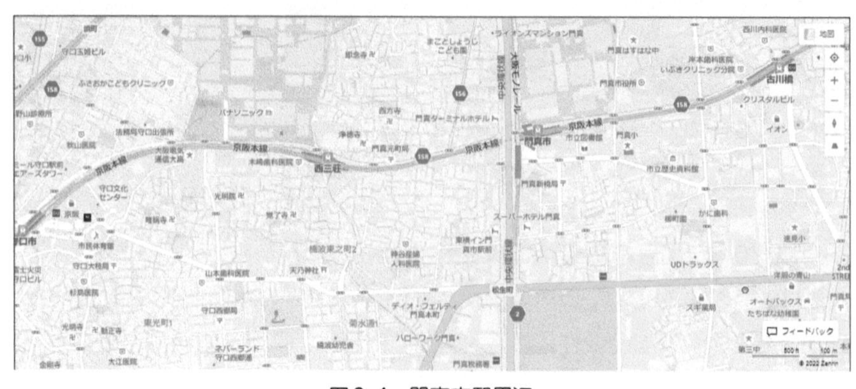

図9-4　門真市駅周辺

資料：Microsoft「Bing Maps」により作成

を超える。ただし、両駅の改札口はペデストリアンデッキで結ばれており、地上に降りことなく乗り換えが可能である。また、2023年にエリアの南側に大規模商業施設が新たに開業し、大阪モノレールの延伸を控えるなど、ポテンシャルが高い。しかし、そのポテンシャルが適切に評価されているとは言い難い。

馬場(2016)は、編著書『エリアリノベーション　変化の構造とローカライズ』の中で、「この10年で「リノベーション」という単語は建築の世界だけでなく、一般社会にも流通し定着した。最初は古い建物の再生を意味していたが、最近はよりダイナミックな価値観の変換を期待する空気を感じる。リノベーションは単体の建築を再生することだが、それがあるエリアで同時多発的に起こることがある。アクティブな点は相互に共鳴し、ネットワークし、面展開を始める。それがいつしか増幅し、エリア全体の空気を変えていく。」としている。また、この実現のためには、「都市計画」という単語の下で行われてきた行政主導のマスタープラン型の手法、「まちづくり」という単語の下で行われてきた助成金や市民の自発的な良心に依存した手法のどちらででもない、新しいエリア形成の手法を発明する必要があり、それを「エリアリノベーション」と呼んでみるとしている(馬場、2016)。この「エリアリノベーション」を実現するプロセスで社会実験が有用となるものと考えられる。馬場(2020)は、都市計画をマスタープラン型のものから帰納法型へ転換する必要があること、社会実験の目的は、実験をやることではなく、都市政策につなげることであるとしている。

そこで、上記をふまえ、コロナ禍において実施された門真市の社会実験を事例として、その成果と今後の課題を明らかにする[4)]。

5. 1回目(2021年2月)の社会実験

(1) 実施の背景

2020年7月22日に、国土交通省は「令和2年度先導的官民連携支援事業」の第2次支援先を決定している(国土交通省総合政策局社会資本整備政策課、

2020)。この事業の事業手法検討支援型の支援先の一つとして、門真市の「駅前広場等の公共施設を活用した官民連携のエリアリノベーション検討調査」は採択され、社会実験が実施された。

門真市の業務概要書によれば、門真市の門真市駅周辺エリアは、公共交通の結節点であるが、賑わいがなくエリアの価値が低下しており、市は有効活用されていない駅前広場と老朽化した公共施設を抱えているとし、そこで駅前広場と公共施設の再整備と有効活用を各々単体ではなくエリア全体で、商業エリアのエリアリノベーションと連携して、官民連携で一括して検討するとしている。また、官民連携で、駅前広場と公共施設をきっかけにして、エリア価値向上と公共施設有効活用の課題を同時に解決する手法を検討し、地元商店マルシェ、地元企業のコンテンツの広場・公園・道路での展示と関連イベントの実施、地元企業のスマートシティ技術の公共施設や商業エリアでの実験など、地元の魅力発信と共に技術・コンテンツを持った地元企業と、エリアの価値を高めながら、都市課題解決のためのスマートシティに向けた実装実験を行うとしている。

(2) 概要

2020 年 7 月下旬に国土交通省に採択されてから社会実験に向けた取組みとなったため、実際の社会実験が行われたのは、2 度目の緊急事態宣言が発

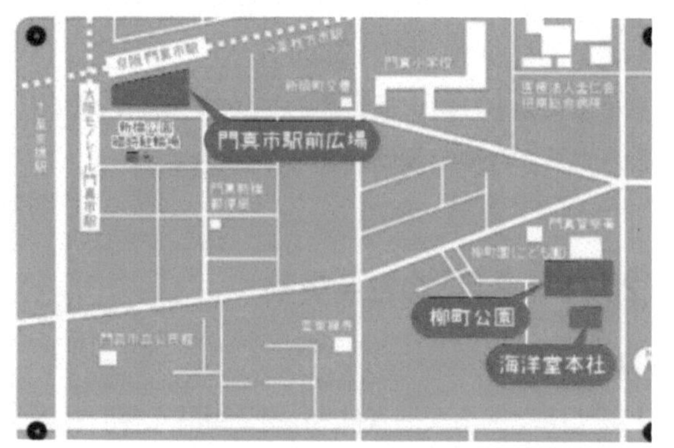

図9-5　門真市駅前広場および柳町公園の位置

資料：「FACT EAT KADOMA」チラシより引用

出されていた2021年2月26〜28日である。2021年2月26日と28日に現地観察を行った。

1回目の社会実験が行われたのは、高架下を含む門真市駅前とそこから徒歩5分程度のところにある柳町公園である（図9-5）。この社会実験の名称は、「FACT EAT KADOMA」とされた。実施された社会実験の内容を見ていこう。社会実験のチラシによれば、Fact（ものづくり）、Act（役者・アクション）、Eat（食）が交わる新しいまちづくりのスタートポイントとしており、これが、この社会実験の名称になっているものと考えられる。駅前屋台街、高架下シアター、電動キックボード試乗、こどもものづくりワークショップなど、未来のまちの風景を想像させる様々なプログラムを開催するとし、社会実験を通じて、地元企業や住民とのコラボレーションを創出し、駅前周辺のエリアリノベーションを描き、地域の魅力づくりにつなげるとしている。

実施主体は門真市駅周辺エリアリノベーション社会実験実行委員会で、事務局は門真市都市政策課がなっている。協賛は、京阪ホールディングス㈱、大阪モノレール㈱、パナソニック㈱、タイガー魔法瓶㈱など、鉄道会社や地元メーカー等20社がなっている。また、守口門真商工会議所の協力となっている。さらに、㈱オープン・エーが社会実験実施にあたり全体的な実務の調整を担った。門真市駅前広場で提供されるコンテンツの配置は図9-6のとおりである。Factの門真のものづくり企業と連携した会場デザインを施し、大阪モ

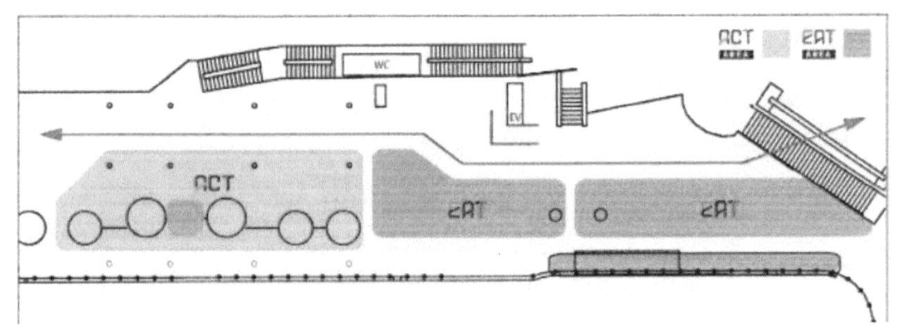

図9-6　門真市駅前広場の配置図

資料：「FACT EAT KADOMA」チラシより引用

写真9-5　高架下シアターの様子

資料：門真フィルムコミッション提供
（撮影2021年2月26日）

写真9-6　キッチンカーの様子

資料：筆者撮影（2021年2月26日）

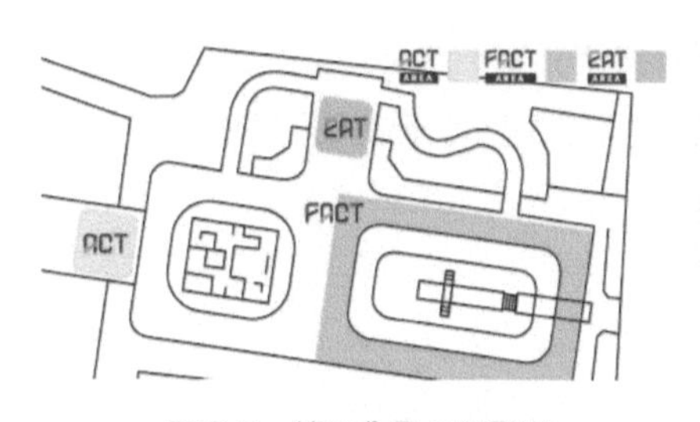

図9-7　柳町公園の配置図

資料：「FACT EAT KADOMA」チラシより引用

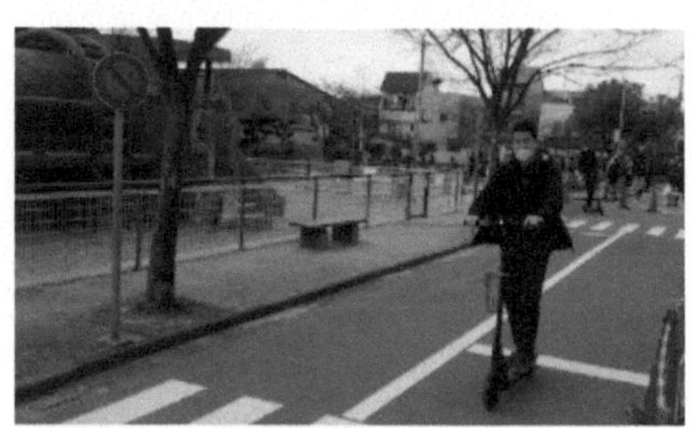

写真9-7　電動キックボード試乗会の様子

資料：筆者撮影（2021年2月26日）

ノレールや府道の高架下の暗くなる部分においては、門真フィルムコミッションの参画を得て、Actの高架下シアターとなっている（写真9-5）。その横ではEat（食）の地元飲食店による屋台村やキッチンカーが配置され（写真9-6）、音楽ライブも演奏された。なお、緊急事態宣言が発出される中での実施になったことから、酒類の販売はしていない。

柳町公園で提供されるコンテンツの配置は図9-7のとおりである。Factの電動キックボード試乗会（写真9-7）、こどもものづくりワークショップ、歯車おもちゃ体験、布の直売会、フィギュア塗装教室、Actのえほんのひろば、Eatのコーヒーショップである。門真市駅前広場が大人向けのコンテンツで構成されるとすれば、柳町公園は子ども向けのコンテンツで構成されている。

(3) 結果

駅前広場の3日間での来場者数は2,271名、柳町公園の土日2日間での来場者数は495名であった。門真市では、緊急事態宣言中ということもあり、大々的な広報活動を自粛していたことから、2会場・3日間合計で1,000名程度を目標としていたものの、目標をはるかに超える来場者数となった。

① 門真市

開催中は、多くの来場者で賑わい、家族や友人、会社の同僚など、様々な方々が交わる空間になったとしている。また、エリアリノベーションの取り組みは、これがスタートになり、門真市駅周辺エリアの活気につなげていくためのアクションを継続していくことが重要との認識を示している。

門真市では、2021年4月27日に『門真市駅周辺エリアリノベーションビジョン』を公表し、社会実験を次のように検証している（門真市まちづくり部都市政策課、2021）。駅前広場については、市場性の確認を行い、通勤客や子育て世代など20～49歳が滞在し、人の流れのポテンシャルを確認したとしている。また、各プログラムへの高い満足度やまちの魅力の再発見は、門真の魅力（ものづくり、文化、食）を新たなイメージとして発信したとしている。さらに、出店者、協力企業合わせて40社が参加したことで、担い手の発掘や公民連携まちづくりの関係性の構築につながり、「エリアの将来イメージを可視化」したとしている。柳町公園については、まちへの回遊を促し、エリア内への人の流れを確認したとし、子育て世代が長く滞在していることから、子育て世代の需要を可視化したとしている。

② 守口門真青年会議所

守口門真青年会議所は、実行委員会のメンバーとして社会実験の全体を統括しつつキッチンカー等の出店の調整を担った。この社会実験は実行委員会方式で行われており、その実行委員長は守口門真青年会議所理事長が務めた。守口門真青年会議所では、役員会における承認のもと、社会実験への参画を決定している。参画して良かった点として、行政も含め、地域の団体や企業約40団体が参画し、未来の門真市についてイメージの共有が出来たことをあげている。また、様々なセクターからの生の意見を聞き、未来のまちづくりの考え方をアップデート出来たこととしている。

③ 門真フィルムコミッション

実行委員会のメンバーとして社会実験の全体を統括しつつ高架下シアターの企画・設置・運営を担った門真フィルムコミッションは、特定非営利活動法人であることから理事会で社会実験への参画を意思決定している。門真フィルムコミッションは2016年の創設当初から「映画館のない町に映画館を作ること」、「災害発生時でも上映会を開催できる持続可能性を構築すること」、「災害救助法の適用を受けた地域で上映会を提供できる体制の確立」といった長期目標があり、門真市駅前のオープンスペースでの仮設映画館の運営は、この3つの目標を叶える好機でもあった。社会実験に参画して良かった点として、高架下という騒音のある映画上映にとって劣悪な環境の中で、音声と映像を遅延することなく共有するシステムを開発し実現したこと、全42席2スクリーンの映画館を、苦情を受けることなく運営できたこと、テレビや新聞の取材を受けメディアへの露出を高められたこと、地元の企業と催事を通じて繋がりができたこととしている。

(4) 1回目の社会実験のまとめ

エリアリノベーションに向け、コロナ禍において実施された高架下等を活用した門真市の1回目の社会実験は、2度目の緊急事態宣言が発出されていた2021年2月26～28日に開催されたにもかかわらず、多くの参加者があり、成功であったといえよう。高架下シアターの設置やキッチンカーによる出店は、社会実験そのものであり、常態化されたものではない。門真市の狙いである地域リノベーションは、息の長い取組みとなるが、コロナ禍という厳しい中でも、実行委員会に参加団体が前向きに取組み、多くの市民に注目され、好調な第一歩を踏み出したと評価されよう。

6. 2回目（2021年12月）の社会実験

⑴ 実施に至る経過

門真市は、2021年度は一般財団法人地域総合整備財団（ふるさと財団）の「令和3年度まちなか再生支援事業」に応募して採択された。同財団の「まちなか再生支援事業」は、まちなか再生に取り組む市町村に対して、具体的・実務的ノウハウを有する専門家に業務の委託等をする費用の一部を助成することにより、民間能力を活用してまちなかの都市機能等の維持・拡大を総合的な側面から促進し、地方創生に資するよう活力と魅力ある地域づくりに寄与するものとなっている（一般財団法人地域総合整備財団（ふるさと財団）開発振興部開発振興課、2021a）。門真市の事業内容は、「駅周辺エリアにおける空き家・空き店舗、公共空間の活用等による「ものづくり」と「まちづくり」が連携したエリアリノベーションの体制づくり等を実施し、持続的なエリアマネジメントを目指す。」となっており（一般財団法人地域総合整備財団（ふるさと財団）開発振興部開発振興課、2021b）、これを基に2021年度の社会実験が実施されることとなった。目標としては、公民連携による「ものづくり×まちづくり」のエリアビジョン・エリア価値の可視化、今後整備する駅前広場の活用主体・エリアマネジメント推進主体の組成、将来イメージの具体化が掲げられている。前年度に国土交通省の事業で採択されて1回目の社会実験を実施したことを踏まえた目標が設定されている。

⑵ 概要

2回目の社会実験が行われたのは、3度目の緊急事態宣言が解除された2021年9月30日より後の2021年12月10～12日である。2021年12月10日と11日に現地観察を行った。2回目の社会実験が行われたのは、1回目に引き続き高架下を含む門真市駅前（写真9-8、9-9）と隣接する門真プラザ・イズミヤ空き店舗・屋上（写真9-10、9-11、9-12）、空き店舗、門真プラザ駐車場である（図9-8）。2回目の社会実験の名称は、1回目から引き続き「FACT EAT KADOMA」とされ、Fact（ものづくり）、Act（役者・アクション）、

Eat（食）が交わる新しいまちづくりのスタートポイントとされている。実施された社会実験の具体的な内容をみると、Fact は、ものづくり企業の廃材等を活用した会場デザイン（Factory kadoma）、企業プロモーションの場（ものづくりショーケース）、メイドインカドママーケット（ワークショップやものづくり系販売（写真 9-13））、ものづくり教育やこどもの遊び場となっている。

写真9-8　高架下でのものづくりショーケース

資料：筆者撮影（2021年12月11日）

写真9-9　高架下の子どもの遊び場

資料：筆者撮影（2021年12月11日）

写真9-10　門真プラザ屋上の様子

資料：筆者撮影（2021年12月11日）

写真9-11　門真プラザ屋上での庭園シアター

資料：筆者撮影（2021年12月10日）

写真9-12　門真プラザとイズミヤの接続

資料：筆者撮影（2021年12月11日）

写真9-13　門真プラザからイズミヤに入ったところ

資料：筆者撮影（2021年12月11日）

Actは、大阪読売新聞×門真フィルムコミッション「ゾンビ養成講座」(写真9-14、9-15)、えほんのひろば、アートワークショップとなっている。Eatは、地元若手飲食店等による屋台、レンタルキッチンカー(Lunch Park事業)、空き家ポップアップショップとなっている。

なお、「FACT EAT KADOMA」に先立つ形で、2021年10月19日〜12月12日にLunch Park事業が駐輪場を活用して実施されている(写真9-16、9-17、

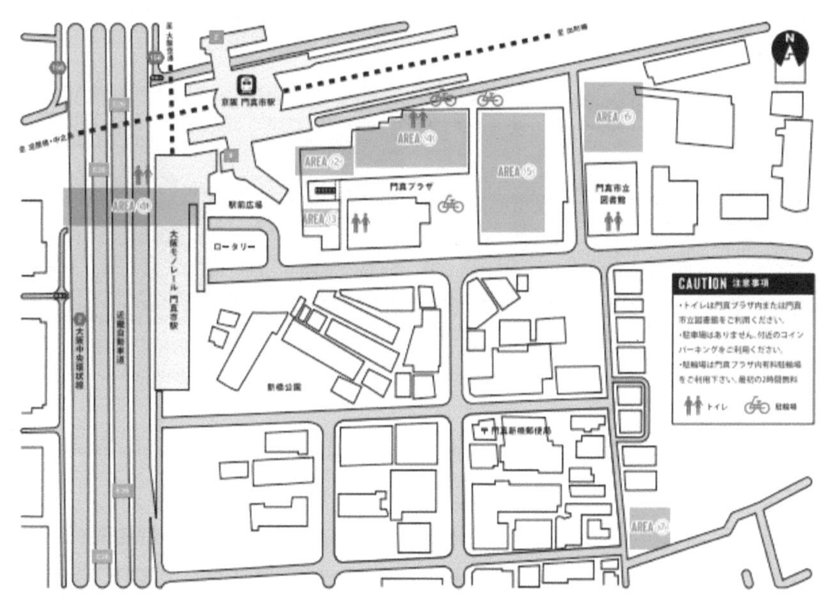

図9-8　門真市駅前広場の配置図

資料:「FACT EAT KADOMA」チラシより引用

写真9-14　ゾンビ養成講座の様子

資料:筆者撮影(2021年12月11日)

写真9-15　ゾンビ出現の号外の作成

資料:筆者撮影(2021年12月11日)

写真9-16　Lunch Parkの様子

資料：筆者撮影（2021年12月11日）

写真9-17　Lunch Parkのえほんのひろばと京阪電車展示

資料：筆者撮影（2021年12月11日）

写真9-18　Lunch Parkでの出店の様子

資料：筆者撮影（2021年12月11日）

写真9-19　Lunch Parkでの物販の様子

資料：筆者撮影（2021年12月11日）

9-18、9-19）。Lunch Park事業については、2021年11月11日にも現地調査を行った。

実施主体は門真市駅周辺エリアリノベーション社会実験実行委員会で、実行委員会メンバーには、守口門真商工会議所、守口門真青年会議所、京阪ホールディングス㈱、大阪モノレール㈱、㈱エイチ・ツー・オー商業開発、㈱海洋堂で、事務局は門真市都市政策課が担っている。

協賛・協力企業、参加店舗・市民団体・個人は57社（者）となっており、1回目に参画した鉄道会社や地元メーカーはもとより、流通関係の企業等も参画し、社会実験の出展（出店）者となっている。㈱オープン・エーが社会実験実施にあたり全体的な実務の調整を担った。

⑶　結果

駅前広場の3日間での来場者数は約2,300名、Lunch Park、イズミヤ2階、屋上庭園、ポップアップショップは約2,000名であった。2会場・3日間合計で6,000名程度を目標としていたことから、目標をやや下回る来場者となった。初日の12月10日㈮は夕方のみの開催で駅前広場の来場者数が少なかったことが要因であったとしているものの、駅前広場の参加者数は約2,300名となっており1回目のそれが2,271名であったのと比較して全く遜色のない数字といえる。また、イズミヤ2階、屋上庭園、ポップアップショップは約2,000名であったことから、全体としての参加者数は1回目を大きく上回ったことになる。実際に現地調査をした筆者の感覚からしても、2回目の参加者の方がやや多く、特に小さな子どもがさらに多く参加している印象を受けており、数字はそれを表す結果になっているものと考える。

⑷　門真市の見解

門真市は2回目の社会実験を通じて成果や課題について以下の2点をあげている。1点目は、東西軸でのビジネス創出や地域コミュニティ形成・活動の需要が確認できたことをあげている。具体的には、ビジネス創出については、キッチンカーの出店需要やマルシェ、企業間交流等があげられている。また、地域コミュニティ形成や活動としては、子どもの遊び場、体操、交流等があげられている。一方、現状では、東西軸の沿道（門真プラザの裏手や高架下）は活用されていない。このことから、高架下等の暫定利用を通じて、チャレンジできる環境づくりや企業と地域が交わる場づくりをすることによって、東西軸の歩行空間の魅力化を図る必要があると指摘している。2点目は、ものづくり企業が駅前まちづくりに関わるモチベーションや意義が生まれ始めていることを指摘している。公共空間の暫定利用を通じて、必要機能の検討や需要創出を行う必要性が指摘されている。

(5) 2回目のまとめ

エリアリノベーションに向けた2回目の社会実験は、実行委員会に1回目と比較して多くの企業や団体が参画し実施された。また、1回目は駅前広場とそこから少し離れた柳町公園という2か所で実施することで参加者の平面的な回遊を企図したのに対して2回目は駅前広場とそれに隣接する門真プラザ等で実施し、門真プラザの2階や屋上庭園等を会場とすることで参加者の立体的な回遊を企図するとともに、子どもが喜ぶコンテンツを多く用意していた。コロナ禍ではあるものの、3回目の緊急事態宣言が解除された後に実施したこともあり、1回目の参加者数を上回る参加者が2回目にあったことは、1回目に引き続き順調な開催であったといえよう。

7. 社会実験に関するまとめ

本章では、コロナ禍においてエリアリノベーションを狙いとして開始された大阪府門真市の門真市駅周辺エリアにおける社会実験の取組みを見てきた。その結果からもたらされた効果は以下の3点にまとめられる[5)]。

第1に、コロナ禍でありながら、エリアリノベーションを目指し開始された社会実験はこれまで2回行われてきたが、実行委員会への参加企業・団体数は1回目から2回目になる際に増加しており、公的関係団体のみならず、鉄道事業者、地元メーカー、流通業者等多様性を確保できていた。また、コロナ禍でありながら、主催者側は新型コロナウイルス感染防止対策を徹底し、参加者数も1回目から2回目にかけて増加した。関係者の努力により順調にここまで来ているものと考えられる。

第2に、実行委員会に多くの企業や団体等が参画したことで、社会実験の実施という共通の目的のために議論を交わす機会が設けられ、このことが社会実験以外の際にも活かされていくきっかけを作ったものと考えられる。また、このことは社会実験を実施する企業や団体等の側だけでなく、社会実験で提供したコンテンツを通して、社会実験に参加した市民に門真市内の企業や団体の存在を視覚的に示す機会にもなったと考えられる。

第３に、これまでの社会実験を通じて、門真市を含む実行委員会がエリアリノベーションを進める上での課題を把握できたことである。東西軸でのビジネス創出や地域コミュニティ形成・活動の需要にどのように応えるか、東西軸でのビジネス創出や地域コミュニティ形成・活動の需要をどのように受け止めるかといったことである。機運が高まっている間に答えを出していくことが重要と考えられる。

最後に今後の課題について触れておきたい。本稿の冒頭で触れたように、馬場（2016）は、エリアリノベーションは新しい手法を開発する必要を述べていることを引用した。現在は社会実験を開始したばかりであるが、いずれは現在試みているもののうち、門真市駅周辺で実際に実行され機能していくものが出てくることが想定される。それらをどのように軌道に乗せていくかが大きな課題だと考える[6)]。

門真市は、2022（令和４）年度に都市政策課にまち再生グループを新たに設置した。従前は都市政策グループと市営住宅グループの２グループで、これら既存のグループにより社会実験の実施にあたっていた。エリアリノベーションを見据えた社会実験の実施は参画する企業・団体・個人が産業・教育・文化など多方面にわたり、従来的な都市計画の分野を遥かに超える範囲となることから、新たにまち再生グループを設置したことは今後の取組み姿勢を市自らが示したものと思われる。

また、門真プラザの権利者は、建て替えを考慮し、2022年５月下旬に門真市駅前地区市街地再開発準備組合を発足させた。周辺の公共空間と共に周辺エリアの魅力を高めていくことが望まれよう。

これらの動きの中、門真市は2022年度については、引き続き一般財団法人地域総合整備財団（ふるさと財団）の「令和４年度まちなか再生支援事業」に応募している。次は門真市駅を中心として京阪本線の両隣駅である西側の西三荘駅と東側の古川橋駅まで（図9-4）の歩き心地の良い空間の確保を視野に入れた社会実験を検討しているとのことである。エリアリノベーションの実現に向けた次のステップの社会実験に引き続き注視していきたい。

注

1) 筆者は、同じ大阪府内でも例えば東大阪市のように同一市内の比較的距離的に近い3地域について、個々の地域的特性から異なる運営方法でバルイベントが実施されていることを把握しており（石原、2019)、これと比較して門真市内のバルイベントの運営方法は大きく異なる。
2) 守口市エリアは図9-2の守口市駅にあたる。大日エリアは図9-2の門真市駅の北側に位置し、大阪モノレールを利用して移動が可能である。
3) 大阪コロナ追跡システムは、感染者が発生した場合に感染者と接触した可能性のある人を追跡することができる大阪府が開発したシステムである。
4) 例えば、2021年2月12日、国土交通省は賑わいのある道路空間創出のため、御堂筋（大阪市)、三宮中央通り（神戸市)、大手前通り（姫路市）で、全国初の歩行者利便増進道路（ほこみち）が指定されたことを、「ほこみちプロジェクト本格始動！」として記者発表している。
5) 本章の直接の目的とは異なるが、門真市の社会実験の実施のプロセスには他地域に参考になる点があると考える。社会実験の初年度は国土交通省の先導的官民連携支援事業に応募し、2年度目は一般財団法人地域総合整備財団（ふるさと財団）の再生支援事業に応募していることである。前者は10分の10の補助であり、社会実験実施のハードルを低くするものと思われる。ただし、単年度で社会実験の結論や今後の方向性を導き出すことのハードルは高いようにも思われる。次年度以降の財源の確保を念頭に置く必要がある場合には門真市の取組み経過は参考になるものと考える。
6) Lunch Parkでの物販で需要が確かめられたことから、市営団地への移動販売の実証実験が2022年4月から始められている（京阪ホールディングス株式会社・株式会社京阪ザ・ストア、2022)。また、Lunch Parkでのキッチンカーによる昼食販売の実施をふまえ、企業でキッチンカーを導入し、実践に踏み切ったケースが既にあるとのことである。さらに、市営住宅の駐輪場のLunch Parkでの活用は空き地等の低未利用地の活用方策としての可能性を示唆している。これらのことから、今後も様々な取組みが実践される可能性がある。

参考文献

石原　肇　2019:「東大阪市内3地域におけるバルイベントの運営方法の地域的特性」『大阪産業大学論集人文・社会科学編』, 第37巻, pp.95-116.

一般財団法人地域総合整備財団（ふるさと財団）開発振興部開発振興課　2021a：「まちなか再生支援事業」.
https://www.furusato-zaidan.or.jp/machinakasaisei/
（最終閲覧日：2022年6月8日）
一般財団法人地域総合整備財団（ふるさと財団）開発振興部開発振興課　2021b：「令和3年度まちなか再生支援事業採択一覧」.
https://www.furusato-zaidan.or.jp/machinakasaisei/jisseki/
（最終閲覧日：2022年6月8日）
大阪府スマートシティ戦略部地域戦略・特区推進課事業推進グループ　2020：「大阪コロナ追跡システムについて」.
（http://www.pref.osaka.lg.jp/smart_somu/osaka_covid19/index.html）
門真市まちづくり部都市政策課　2021：『門真市駅周辺エリアリノベーションビジョン』.
https://www.city.kadoma.osaka.jp/material/files/group/38/erearenovationvision.pdf
（最終閲覧日：2022年6月8日）
門真市・㈱オープン・エー　2021：「駅前広場等の公共施設を活用したエリアリノベーション検討調査報告書」.
https://www.mlit.go.jp/sogoseisaku/kanminrenkei/content/001411042.pdf
（最終閲覧日：2022年6月8日）
国土交通省総合政策局社会資本整備政策課　2020：「令和2年度PPP/PFIに関する支援対象の決定について（第2次）」.
https://www.mlit.go.jp/report/press/sogo21_hh_000138.html
（最終閲覧日：2022年6月8日）
国土交通省道路局環境安全・防災課　2021：「ほこみちプロジェクト本格始動！」.
https://www.mlit.go.jp/report/press/content/001386223.pdf
（最終閲覧日：2022年6月8日）
京阪ホールディングス株式会社・株式会社京阪ザ・ストア　2022：「日々のお買い物に不便を感じている住民の方の買い物支援と団地コミュニティ活性化を図るため、門真市と連携し移動販売の実証実験を開始します！」.
https://www.keihan-holdings.co.jp/news/upload/220412_keihan.pdf
（最終閲覧日：2022年6月8日）
馬場正尊　2016：「エリアリノベーションとは」, 馬場正尊・Open A編著『エリアリノベーション　変化の構造とローカライズ』, 学芸出版社, pp.13-52.
馬場正尊　2020：「都市を自分たちのものにする手段、テンポラリーアーキテクチャー」, Open A・公共R不動産編著『テンポラリーアーキテクチャー　仮設建築と社会実験』, 学芸出版社, pp.3-15.

第5部

大都市圏郊外での対応

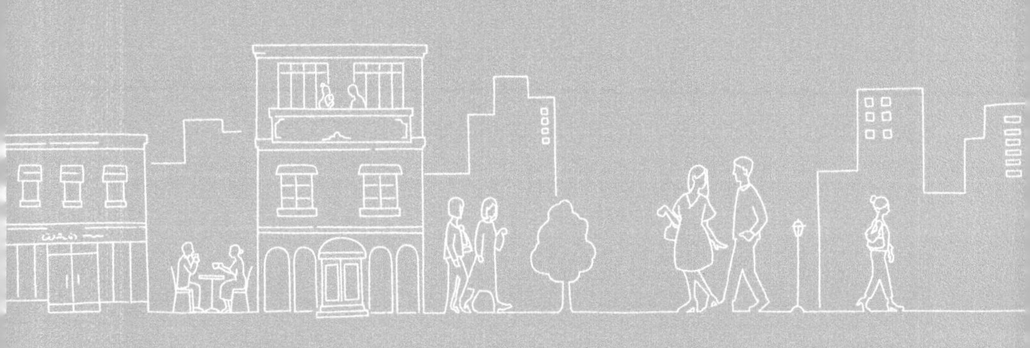

第10章

三田バルの期間延伸による開催（兵庫県三田市）

1. はじめに

第1章にも記したが、人口減少に伴う都市の縮退は、今後の都市を維持していく上で喫緊の課題となっている。このような背景から、都市農業振興基本法が2015年4月に公布された。今後、都市農地を保全していく上で、都市住民と連携・交流する都市農業の振興が不可欠となっていくものと考えられる。

筆者は「近畿バルサミット」に参加する中で、大阪府堺市や八尾市、兵庫県三田市において、農産物の地産地消をコンセプトとしたバルイベントが実施されていることを知った。筆者は、堺市で実施されている「ガシバル」を対象として、地産地消の取組みの状況を報告した（石原、2017a）。また、その後、八尾市で実施されている「八尾バル」ついても、地産地消の取組み状況とその背景を明らかにした（石原、2017b）。そこで、本章では、兵庫県三田市で実施されている「三田バル」における地産地消の取組みの状況を報告する。

また、コロナ禍において兵庫県三田市では、第7章で記した大阪市福島区と同様に従前と比較して開催期間を延伸することによってバルイベントを開催するとの情報を得た。そこで、コロナ禍における地域復興に向け、従来地域活性化策として実施されたてきていたバルイベントの開催期間延伸による実施について報告する。

研究対象地域は、兵庫県三田市とする（図10-1）。三田市は兵庫県の南東側にある阪神地域の北西部に位置し、面積210.32平方キロメートル、人口約11.3万人を有する市であり、2018年度に市制施行60周年を迎える。同市は、1980年代からの大規模住宅団地の開発と、JR福知山線の複線電化の利便性向上により、大阪市や神戸市の衛星都市として急激な発展を遂げたが、

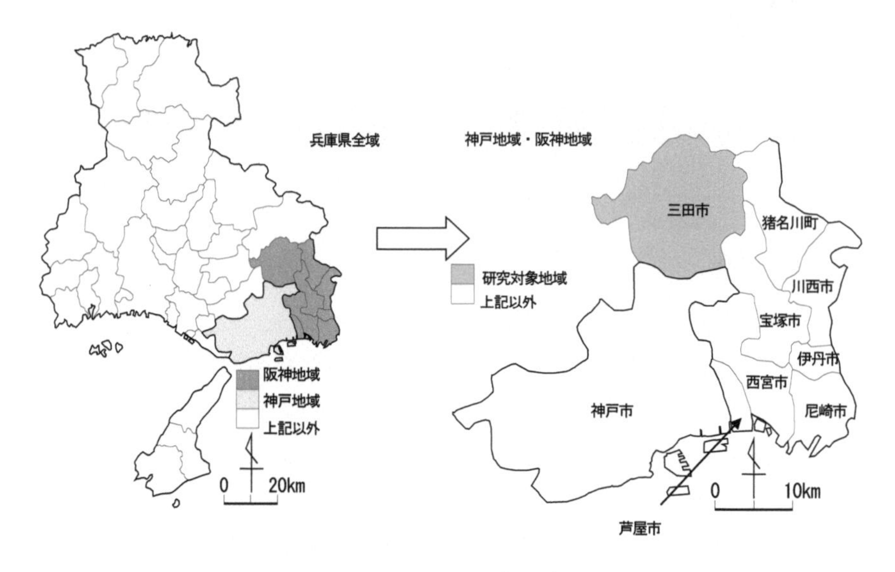

図10-1　研究対象地域

阪神地域の中では比較的豊かな自然が未だ残っている地域である。

三田市の 1990 年における経営耕地面積は、田 1,909ha、畑 48ha、樹園地 58ha であったが、2015 年でのそれは、田 1,369ha、畑 63ha、樹園地 23ha となっている。つぎに、同市の 1990 年における農家戸数は、専業農家 166 戸、第 1 種兼業農家 128 戸、第 2 種兼業農家 1,807 戸であったが、2015 年でのそれは、専業農家 271 戸、第 1 種兼業農家 102 戸、第 2 種兼業農家 1,017 戸となっている。経営耕地面積と農家戸数の全体数は減少しているが、畑と専業農家の増加が認められる。図 10-2 に 2015 年の三田市および阪神地域市町・神戸市における農産物販売金額 1 位の部門別農家戸数を示す。三田市は、耕種部門では稲作が 1 位となっている農家戸数が最も多いこと、また同市は三田牛の生産地であることから、畜産部門では肉牛が 1 位となっている農家の戸数が最も多いことが特徴といえよう。

研究方法は、以下のとおりとする。農業に関する統計に基づいて 1990 年以降の農業の状況を農業経営基盤の観点から明らかにする。1990 年と 2015

年の農業センサスによるデータを使用している。バルイベントについては、実行委員会から参加店舗数およびチケット販売数のデータと第1回のバルマップの提供を受けた。また、地産地消の取組みに至った経緯や運営方法等について、実行委員会からヒアリングを行った。さらに、2016年10月と2017年10月開催のバルイベントに参加し、バルマップブックを入手した上で現地調査を行った。これらの情報の分析を通じて地産地消の取組みを明らかにする。

また、コロナ禍においては、2020年10月1日に「三田バル」が「三田バルウイーク」として開催するとの情報を得て、2020年10月19日に実行委員長への電話とメールによるヒアリングを行った。また、2020年10月25日に現地調査を行った。さらに、2020年11月26日に「三田バルウイーク」の実施結果についてメールによるヒアリングを行った。

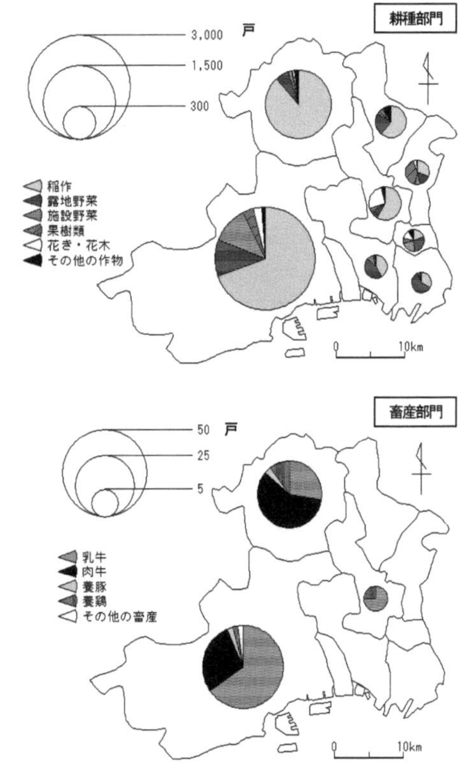

図10-2 三田市および阪神地域市町・神戸市における農産物販売金額1位の部門別農家戸数（2015年）

資料：2015年農業センサスにより作成

2. 従前の「三田バル」の特徴

(1) 開催経過

「三田バル」は2011年10月8日に第1回が開催されて以降、2017年10月14日の第7回に至るまで、年1回開催されている。図10-3に第1回から第7回までの参加飲食店舗数とチケット販売数の推移を示した。第1回の参加店舗数は38店舗であったが、第2回以降は一貫して増加傾向にあり、第7回は最多の78店舗が参加している。チケット販売数は、第1回は2,250枚で、以降第4回の6,600枚に至るまで増加し、第5回は横這いであったが、第6回以降再び増加し、第7回は8,100枚となっている。

チケットの代金についてみると、第1回から第3回までは、5枚綴り3,000円であった。第4回以降は、6枚綴り3,600円となっている。この変更は、第2回にエキストラチケットで三田牛ステーキが提供され、第3回から三田肉メニューが入り、参加飲食店が価格設定できるよう、第4回からチケット2枚を使うメニューを提供できることになったことと連動している。

「三田バル」の実施範囲は、JR福知山線および神戸電鉄三田線の三田駅の南

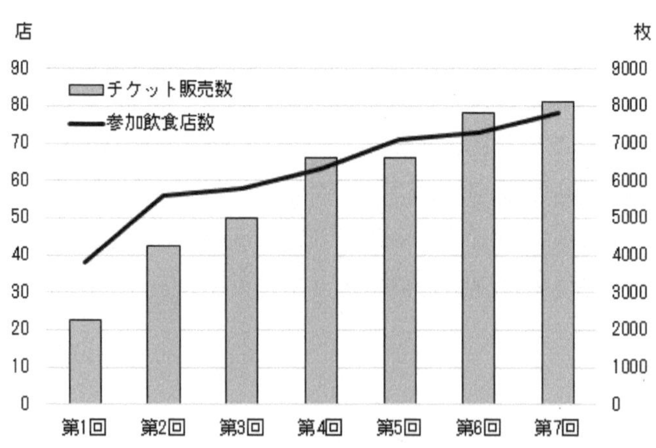

図10-3 三田バルにおける参加飲食店舗数とチケット販売数の推移

資料：三田バル実行委員会からの聞き取りにより作成

側を中心に設定されている（図 10-4 および図 10-5）。

「三田バル」のバルマップは、第 1 回は折畳式であるが（図 10-4）、第 2 回で仕様に変化がみられ、第 2 回からバルマップブックとなっている（図 10-5）。バルマップの仕様の変遷を表 10-1 に示す。

表10-1　バルマップ（ブック）の仕様等

	第1回	第2回～第7回
体　裁	マップ	ブック
サイズ	A3両面刷を 3つ折りにした上で2つ折りに	A5
地　図	A4	A4
方位・縮尺	方位あり、縮尺なし	方位あり、縮尺なし

資料：実物の観察と実行委員会からの聞き取りにより作成

図10-4　三田バル第 1 回バルマップ

資料：三田バル実行委員会からの提供データより引用

表紙（右）と裏表紙の店舗別スケジュール一覧

店舗紹介

マップ

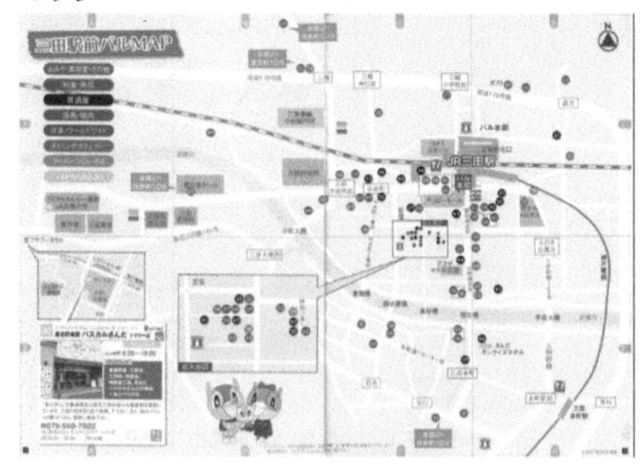

図10-5　三田バル第７回バルマップブック

資料：三田バル実行委員会（2017）より引用

(2) 運営方法と地産地消の取組み

「三田バル」は実行委員会方式で運営されている。第7回のバルマップブックによれば、主催は三田バル実行委員会と三田市商工会で、共催が三田市、後援が三田市観光協会、協賛がさんだ地産地消プロジェクト、三田肉流通振興協議会、JA兵庫六甲となっており、三田市内の関係機関が関与している。

実行委員会は、飲食店、市域のフリーペーパーを作るデザイン会社、JA兵庫六甲、三田市商工会、NPO法人縁農ネットで構成され、実行委員長はNPO法人縁農ネットから出ており、事務局を三田市商工会とともに担っている。NPO法人縁農ネットによれば、三田市と協働して「三田産生産物の活用と見える化」を進めようとしてきたおりに、バルイベントの手法を使う方策が良いと考え、関係機関と協議しバルイベントの開催を進めたとのことである。

このような経緯から、地産地消については第1回から取り組まれてきている。地産地消を推進するため三田市では、「三田バル」の第1回が開催される2011年10月よりも以前の2011年1月に「さんだ地産地消認定応援店登録要領」を制定している。この要領の趣旨は、三田市内産食材を積極的に活用している飲食店・小売店を「さんだ地産地消推進応援店」として登録することにより、店頭での地産地消の取組みを拡大し、市民に購入し味わう機会を増やすことで農業への理解促進と消費を拡大するとともに、市内経済活動の活性化へとつなげることとしている(三田市、2017)。この要領をツールに「三田バル」の第1回では「さんだ地産地消推進応援店」のバルイベントの参画が促されている。ガイドマップあるいはガイドマップブックには、参加店舗の紹介と提供メニューが掲載される。その際、「さんだ地産地消推進応援店」には、図10-6の左側の「地産地消推進応援

図10-6　地産地消認定店のロゴ(左)と三田肉メニュー提供店のロゴ(右)

資料：三田バル第7回バルマップブックより引用

店」のロゴが表示される。また、同様に、第3回以降は、三田肉メニュー提供店が出てきたことから、当該店については、図10-6の右側の「三田肉メニュー提供店」のロゴが表示される。

表10-2に、第1回および第6回・第7回の、地産地消推進応援店数と三田肉メニュー提供店数とそれらの全参加店舗数に対する割合を示した。第1回の地産地消推進応援店数は22店で、割合も57.9%と高い値である。これに比べて第6回・第7回の店舗数は減少し、全参加店舗数が大きく増加していることから、割合も低下傾向にある。三田肉メニュー提供店数は第6回が10店、第7回が5店となっている。トータルに考えると、全参加店舗の中で、一定の地域食材を用いたメニューを用意する店舗が各回で存在しており、「地産地消」をコンセプトとした「三田バル」の差別化が実現しているものと考えられる。

表10-2　地産地消認定店数および三田肉メニュー提供店数とそれらの割合

回	参加全店舗数	地産地消認定応援店数	割合（%）	三田牛メニュー提供店数	割合（%）
1	38	22	57.9	−	−
6	73	19	26.0	10	13.7
7	78	13	16.5	5	6.3

資料：実物の観察と実行委員会からの聞き取りにより作成

3. 従前の取組みのまとめ

「三田バル」は、三田市と協働して地産地消を進めていたNPO法人縁農ネットが核となり、バルイベントによる地産地消のより一層の推進を目論み、関係機関と連携して実行委員会を組織し成功を収めている。参加店舗数やチケット販売枚数の増加は、的確にバルイベントが実施されてきていることによるものと考えられる。

また、本研究の研究対象である「三田バル」だけでなく、既報の「ガシバル」、「八尾バル」を含め、地産地消をコンセプトとしたバルイベントのいずれもが、継続開催している点から成功事例といえよう。今後、地産地消をコンセプトとしたバルイベントを実施しようとする地域の参考となるものと考えられる。

4. コロナ禍での期間延伸による開催

(1) 三田バルウイーク

「三田バル」は、従来は1日の開催期間である。写真10-1は2016年に撮影したものであるが、従来は駅前に本部テントを設置し、多くの参加者が出る。このため、写真10-2は2019年に撮影したものであるが、かなりの人混みが発生する参加飲食店もある状況にあった。

実行委員長にヒアリングを行った。飲食店は年末の企業や役所による忘年会での利用が期待できず、一般客に店を知ってもらう機会を欲していた。当初、市役所は1日での開催に難色を示していたとのことである。兵庫県宝塚保健所と協議し、7日間での開催で了解を得た。このようなことから、2020年の「三田バル」は、「三田バルウイーク」として実施するに至っている。

開催期間は2020年10月25日から同年10月31日までの1週間となった。参加飲食店の募集のチラシを図10-7に示す。「これまでの土曜日単日開催では、どうしても行列ができてしまい、密になります。今回の提案では週末を含む1週間の開催で、参加者が分散しつつ複数店舗を回遊してもらえるようにします。店舗の定休日や都合もあるので各参加店舗はその中で4日以上

写真10-1　2016年「三田バル」本部の様子

資料：筆者撮影（2016年10月8日）

写真10-2　2019年「三田バル」の様子

資料：筆者撮影（2019年11月3日）

の参加をお願いします。またスムーズな展開を行うためにバルメニューのみの注文は20分で席移動のお願いを徹底します。」と新型コロナウイルス感染防止対策の徹底が呼び掛けられている。参加条件として、①三田バルウイーク開催エリアの店舗、② 4 日以上の参加が可能な店舗、③ガイドラインに基づく感染防止対策導入並びに感染防止対策宣言ポスターの掲示、④兵庫県型コロナ追跡システムの導入の 4 点が示されている。

参加店舗数は前年の70店から50店まで減少している。今回参加を見合わせた飲食店は、開催期間が長いことや店舗の構造上の課題などが理由となっているとのことであった。

筆者は初日の2020年10月25日に現地調査を行った。本部は簡素になっている（写真10-3）が、開催範囲に変更はない。従前はバルマップブックであったが、お店紹介のチラシに簡素化されている（図10-8）。従前はチケット制であったが、図10-9に示す参加証方式での開催となってい

三田バルウィーク 2020
参加店募集のお知らせ

ウィズコロナの時代に対応した
新しい形の三田バルウィーク2020を開催します!!

三田バルウィーク2020、新しい生活様式の飲み歩きが、2020年10月25日(日)～31(土)までの1週間、三田駅周辺・三輪・西山・南ヶ丘エリアの飲食店・小売店で開催します。来店時の密を避けるのが目的です。これまでの土曜日単日開催では、どうしても行列ができてしまい、密になります。今回の提案では週末を含む1週間の開催で、参加者が分散しつつ複数店舗を回遊してもらえるようにします。店舗の定休日や都合もあるので各参加店舗はその中で4日以上の参加をお願いします。またスムーズな展開を行うためにバルメニューのみの注文は20分で席移動のお願いを徹底します。

【参加条件】
①三田バルウィーク開催エリア（三田駅周辺、三輪、西山・南ヶ丘等）の飲食店・小売店
②4日以上の参加が可能な店舗
③ガイドラインに基づく感染防止対策導入並びに感染防止対策宣言ポスターの掲示
業種別ガイドライン：https://web.pref.hyogo.lg.jp/kk03/corona/corona_guideline.html
感染防止対策ポスター：https://web.pref.hyogo.lg.jp/kk42/senngennposter.html
※ポスターは各店舗でダウンロードのうえ、印刷し掲示してください。
④兵庫県新型コロナ追跡システム導入
https://web.pref.hyogo.lg.jp/kk39/covid19_chase.html
【参加費】参加店舗：無料

参加店申込締切日 9月11日(金)迄

三田バルウィーク2020 詳しい説明!
三田バルウィーク2020 申込フォーム!

主催：三田バル実行委員会・三田市商工会 TEL079-563-4455

図10-7 「三田バルウィーク」の募集チラシ

資料：実行委員会提供

図10-8 「三田バルウィーク」の参加者向けチラシ

資料：実行委員会（2020）より引用

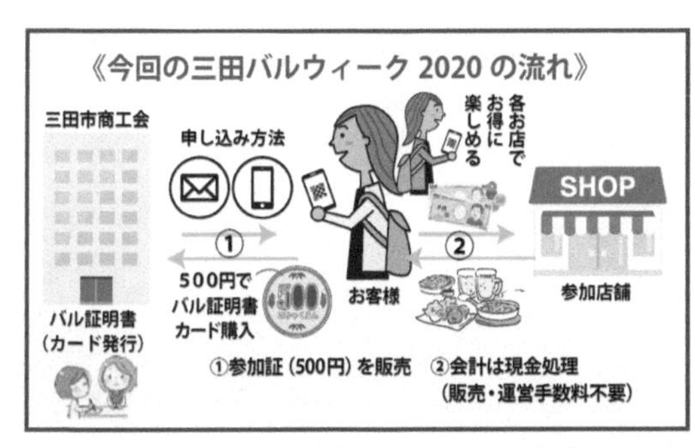

図 10-9 「三田バルウィーク」の募集チラシに記載の仕組みの変更説明図

資料：実行委員会提供

る。また、従前は、あとバルを実施しているが、今回は実施していない。写真10-2 と同じ店舗を撮影したのが写真 10-4 である。初日で、日曜日の夕方 17 時の様子は、まだそれほど参加者で混み入った状況ではなかった。

なお、開催後に実行委員長に実績をうかがったところ、参加証販売数は約 950 個であったとのことである（表 10-3）。昨年はチケット方式であり約 1,500 枚が販売されたとのことであった。参加証販売数とチケット販売数とでは単純な比較はできないが、前年と比較して参加者数はやや減少しているものと推察される。また、参加飲食店からは概ね良い反応であったとのことである。実施のタイミングは 11 月に入ってからのコロナ感染者数の増加傾向が始まる直前で良かったこと、イベント終了後も参加者から陽性反応者が出たわけではないので成功と言えるとの見解が示された。

表 10-3 三田バルの第 10 回（2019 年）と第 11 回（2020 年）との比較

	第10回	第11回
開催日（日数）	2019年11月 2日（1日）	2020年10月25日～31日（7日）
あとバル	7日間	－
参加飲食店数	70	50
チケット販売数	約1,500枚	－
参加証販売数	－	約950個

資料：実行委員会へのヒアリング結果に基づき作成

写真10-3　2020年「三田バルウィーク」本部の様子

資料：筆者撮影（2020年10月25日）

写真10-4　2020年「三田バルウィーク」の様子

資料：筆者撮影（2020年10月25日）

「三田バル」は、密集の回避を目論んで開催期間の延長が行われた例として捉えられよう。飲食店が復興していくためにもバルイベントを継続開催していくことが実行委員長の目指すところであり、その実現がなされたことは大きな成果と考えられる。

コロナ禍における2020年秋のバルイベントを実施するに至った「三田バル」と７章では「福島バル」の２つの事例を見てきた。共通するのは、実行委員会が飲食店の意向や行政機関の意向を重ね合わせ、実現できる方途を探り、その結果として、新型コロナウイルス感染防止対策の徹底をするとともに、従来と比較して開催期間を延伸して実施に至っていることである。また、参加飲食店の数は、様々な要因から「三田バル」「福島バル」ともにやや減少している。９章で示した「かどま元気バル」のように既に２回の長期間開催の実績のあるところは、参加飲食店も長期開催のバルイベントに参加する経験があり、その経験を活かせた。本稿で取り上げた２事例は新たに期間を延伸しての開催となり、実行委員会と参加飲食店ともに試行的であったと考えられる。開催期間延伸による対応は、参加者の密集の回避を図る方策の実行であり、新しい行動様式をふまえつつ賑わいの創出を図るという難題を克服するための一方策と考えられる。

参考文献

石原　肇　2017a：「大阪府堺市の「ガシバル」における地産地消の取組」『地域活性学会研究発表論文集』，第9号，pp.242-245.

石原　肇　2017b：「大阪府の「八尾バル」における地域特産野菜を用いた地産地消の取組み」『地域研究』，第58巻A，pp.28-40.

三田市　2017：さんだ地産地消認定応援店登録要領
http://www.city.sanda.lg.jp/nougyou_shinkou/documents/ouentenyouryouh29.pdf
（2018年8月14日最終閲覧）

第6部

展望

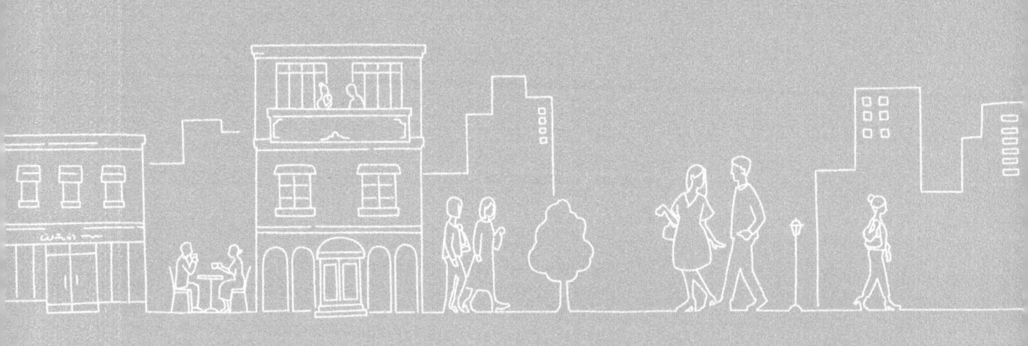

第11章

各地域での取組みからみた類型化
―将来への備えとまちづくりへの示唆―

1. コロナ禍における取組みの類型化

本書では、中心市街地活性化策の一つであるバルイベントについてコロナ禍以前の取組みを見つつ、コロナ禍における様々な中心市街地の活性化に向けた取組みを見てきた。日本では、2023年5月8日に、新型コロナウイルス感染症は、新型インフルエンザ等対策特別措置法上、2類から5類へと移行し、一般的な疾病として扱われるようになった。ここで、コロナ禍においてどのような対応行動が取られてきたかを整理しておきたい。

本書で取り上げてきたコロナ禍での取組みを中心市街地活性化策の施策から見るねらいの類型化として表11-1にまとめた。まとめるにあたり感染拡大の状況を時期別に踏まえつつ暫定的に取組みを応急対応、中・長期的対応、長期的対応の3つに大別した。

まず、応急対応については、伊丹市の「デリバリー補助」があげられよう。伊丹市におけるコロナ禍での飲食店支援策である「デリバリー補助」が迅速な支援策として実施可能となった背景には以下の3点が考えられる。1点目は、これまでの「伊丹まちなかバル」をはじめとした各種イベント実施を通じての中心市街地活性化協議会構成員の連携の良さである。2点目は、飲食店主のやる気である。3点目は、伊丹市役所内での意識の高さや風通しの良さである。

つぎに、様々なバルイベント等の実施状況もふまえ、中・長期的対応を考えると、空間を確保することで密閉の回避を狙う取組みと時間を延伸させることで密集の回避を狙う取組みに分けられよう。前者は、伊丹市のテラスや屋台村、尼崎市の青空市、門真市の社会実験があげられる。後者は、大阪市福島区の「福島バル」、門真市の「かどま元気バル」、三田市の「三田バル」があげられる。

なお、これらとは別に、イベントの性格上本来の姿ではないものの、コンテンツを情報通信技術により提供が可能なことから実施された大阪市城東区の「がもよんフェス」は、オンラインを用いたイベント実施による密接の回避と捉えられよう。伊丹市「グルメトリップ」での電子決済の導入も情報通信技術の活用と言えよう。

さらに、長期的対応として、伊丹市の非公式バルイベント「伊丹ナイトバル」があげられる。公的機関が主催となる「伊丹まちなかバル」が実施できない中、飲食店有志によって行われたこの非公式イベントは、参加者数を制御することで密集の回避に繋げた。2022年春以降のコロナのリスクを踏まえつつバルイベントを実施する方策として参考になったものと考えられる。

表11-1　コロナ禍における取組みの類型化

	取組み	ねらい
応急対応	伊丹市「デリバリー補助」（3章）	飲食店と消費者との距離の滅失 →消費の促進・販売量の増加
中・長期的対応	伊丹市「ナイト照らす。」＋「伊丹なかまちテラス」（3章） 伊丹市「伊丹郷町屋台村」による代替（4章） 尼崎市「青空市」（6章） 門真市「高架下を活用した社会実験」（9章）	空間の確保 →密閉の回避
	大阪市福島区「福島バル」の開催期間延伸（7章） 門真市「かどま元気バル」の長期間開催の活用（9章） 三田市「三田バル」の開催期間延伸（10章）	時間の延伸 →密集の回避
	伊丹市「グルメトリップ」の電子決済の活用（5章） 大阪市城東区「がもよんフェス」のオンラインの活用（8章）	情報通信の利用 →密接の回避
長期的対応	伊丹市「伊丹ナイトバル」→規模の抑制（5章）	参加者数の抑制 →密集の回避

資料：これまでの調査に基づき作成

2. コロナ禍での取組みから見た実施主体の特徴

第２章において、コロナ禍以前の従前の調査結果をふまえ、近畿地方のバルイベントの事務局について、その組織体制について考察を行った。その際、事務局を担っている機関等をバルイベント実行委員会の担い手と位置付けた。バルイベント実行委員会の事務局は、コロナ禍に遭うまでに、①バルイベントの実施時期や参加飲食店の参加要件、バルチケットの料金等の設定、②参加飲食店の募集・選別、③関係機関との調整、④バルマップの作製、⑤チケットの予約・販売、⑥開催日の本部運営等の業務を遂行してきていた。

別の本業のある企業、飲食店主あるいは非営利団体が事務局を担っているケースが見られた。本書で新型コロナウイルスへの対応について、大阪府門真市や大阪市福島区、兵庫県三田市で迅速な対応がとられていることを記してきた。いずれもが、商工会議所やまちづくり会社が事務局を担っているのではなく、別の本業をもつ企業、飲食店主、ボランティアが事務局を担っている地域である。

大阪府門真市は、実行委員会が主催であるが、実行委員長は飲食店主であり、事務局を担っている。本業の傍らで実行委員長自らが参加要件の設定、参加飲食店の募集、バルマップブックの作成などの業務を実行している（第９章）。大阪市福島区は、実行委員会が主催であるが、事務局は㈱MAKE LINEが担っており、福島区役所との調整、開催期間や参加要件の設定、参加飲食店の募集、福島区保健福祉センターの協力による「感染症予防及び食品衛生講習会」の開催、チケットの販売促進、本部運営などの業務を実行している（第７章）。兵庫県三田市は、実行委員会が主催であるが、実行委員長はボランティアであり、事務局的な役割を担っている。実行委員長自らが三田市役所や兵庫県宝塚保健所との調整、開催期間や参加要件の設定、参加飲食店の募集、チラシの作成、本部運営などの業務を実行している（第10章）。コロナ禍であるがゆえに発生する平時とは異なる開催期間の設定や従来にもましての衛生対策の徹底など、ルーチンワークでは済まない部分を、バルイベント開催の実現に向け迅速に意思決定し対処できたものと考えられる。

3. コロナ禍での取組みによるまちづくりや社会変革への貢献 ―地域活性化策から見たレジリエンスの源泉―

本書をまとめるにあたりもう一つの視点、すなわち「まちづくり」の視点から見ておきたい。今般のコロナ禍では、三密を回避するために、様々な取組みが見られた。いくつかの地域で共通する取組みとして「空間の確保」が上げられる。この「空間の確保」のために共通している行為として道路占用があり、それを実行するために社会実験やそれに類似した取組みを行うことが鍵となった。

久(2023)は、情報社会のまちづくりとしてのタクティカル・アーバニズムを論じる中で、その特徴は、第一に、従来の都市計画が大きなビジョンづくりから始めるのに対して小さな実践を積み重ねて都市の魅力をつくりだすこと、第二に、市民主体のボトムアップ型の活動であることとしている。また、不況により経済力で都市を改造できなくなったり、高齢化により市民活動の体力が低下したりしている一方で、インターネットを活用することで市民がつながり市民力を発揮できるようになって、タクティカル・アーバニズムが台頭したとも指摘している(久、2023)。

これを踏まえると、本書で取り上げた地域は、もともと従前はバルイベントを実施してきた中でコロナ禍に遭い、それぞれの地域の特性や状況に応じ、実践可能な対応を取ってきており、久(2023)が述べたタクティカル・アーバニズムの特徴に一致しているように見える。また、コロナ禍により、行動規制が伴う状況においても、地域活性化策を実行しようとする様々な主体の意思がつながることで市民力を発揮する機会となったとも捉えられよう。

このようにコロナ禍で実施された地域活性化の取組みは、まちづくりや社会変革へとつながっていくものと考えらる。また、前節で見てきたようなコロナ禍以前からを含めた地域活性化の取組みへの様々な主体の姿勢・心持ちが、地域復興に向けたレジリエンスの源泉ではなかろうか。くわえて、これらの様々な主体がコロナ禍以前から地域活性化策を実行するために定期的に顔を合わせしてきていたことが重要と考えられる。第8章で藤岡(2018)を引用し、「がもよん」での取組みから共創的コミュニュケーションの場が生成されているように見えると記した。このようなことは、本書で記した各地域の取組み経過からも見ることができる。地域を良くしていこうという様々な主体が集まる共創的コミュニュケーションの場が生成されているからこそ、コロナ禍という難局にも立ち向かえたものと考えられる。

今後、感染症の危機に見舞われる機会が無いとは断言できないであろう。そのような事態になった際には、感染症の特性をよく把握した上で、都市生活の健全な継続と都市文化を継承しつつ、こうした感染症に耐えうる都市としていく上で本書が少しでも参考となれば、本書が直接的に意義あるものとなろう。願わくは、そのような事態にならないことであり、その際は、地域活性化策の今後の実施を検討している地域で参考にしていただければと考えている。なぜならば、コロナ禍での地域活性化の取組みは、まちづくりに貢献してきており、さらには社会変革にも寄与していると考えられるからである。

参考文献

久　隆浩　2023：「情報社会のまちづくりとしてのタクティカル・アーバニズム」『近畿大学総合社会学部紀要』第12巻第1号，pp.63-70.

藤岡芳郎　2018：「地域活性化活動における場の生成プロセスについて　価値共創アプローチでの理論的考察」『大阪産業大学経営論集』，第19巻第2・3号，pp.25-42.

索引

う

え

お

す

せ

そ

た

ち

●著者紹介

石原　肇（いしはら　はじめ）

近畿大学総合社会学部環境・まちづくり系専攻教授。1964年東京都生まれ。
専門は環境政策、応用地理。立正大学大学院地球環境科学研究科博士後期課程修了。博士（地理学）。
著書に『都市農業はみんなで支える時代へ』（単著、古今書院、2019年）、『地域をさぐる』（共著、古今書院、2016年）、『環境サイエンス入門』（共著、学術研究出版、2017年）、『1964年と2020年　くらべて楽しむ地図帳』（共著、山川出版社、2020年）などがある。

コロナ禍における中心市街地活性化策からみた地域のレジリエンス

2024年３月９日　初版発行

著　者　石原　肇
発行所　学術研究出版
〒670-0933　兵庫県姫路市平野町62
［販売］Tel.079（280）2727　Fax.079（244）1482
［制作］Tel.079（222）5372
https://arpub.jp
印刷所　小野高速印刷株式会社

ISBN978-4-911008-43-0

乱丁本・落丁本は送料小社負担でお取り換えいたします。